Sébastien THIBAUD

Contributions à la modelisation des aciers TRiP en mise en forme

Sébastien THIBAUD

Contributions à la modelisation des aciers TRiP en mise en forme

Simulations et influences des procédés de fabrication sur le comportement en service

Presses Académiques Francophones

Impressum / Mentions légales
Bibliografische Information der Deutschen Nationalbibliothek: Die Deutsche Nationalbibliothek verzeichnet diese Publikation in der Deutschen Nationalbibliografie; detaillierte bibliografische Daten sind im Internet über http://dnb.d-nb.de abrufbar.
Alle in diesem Buch genannten Marken und Produktnamen unterliegen warenzeichen-, marken- oder patentrechtlichem Schutz bzw. sind Warenzeichen oder eingetragene Warenzeichen der jeweiligen Inhaber. Die Wiedergabe von Marken, Produktnamen, Gebrauchsnamen, Handelsnamen, Warenbezeichnungen u.s.w. in diesem Werk berechtigt auch ohne besondere Kennzeichnung nicht zu der Annahme, dass solche Namen im Sinne der Warenzeichen- und Markenschutzgesetzgebung als frei zu betrachten wären und daher von jedermann benutzt werden dürften.

Information bibliographique publiée par la Deutsche Nationalbibliothek: La Deutsche Nationalbibliothek inscrit cette publication à la Deutsche Nationalbibliografie; des données bibliographiques détaillées sont disponibles sur internet à l'adresse http://dnb.d-nb.de.
Toutes marques et noms de produits mentionnés dans ce livre demeurent sous la protection des marques, des marques déposées et des brevets, et sont des marques ou des marques déposées de leurs détenteurs respectifs. L'utilisation des marques, noms de produits, noms communs, noms commerciaux, descriptions de produits, etc, même sans qu'ils soient mentionnés de façon particulière dans ce livre ne signifie en aucune façon que ces noms peuvent être utilisés sans restriction à l'égard de la législation pour la protection des marques et des marques déposées et pourraient donc être utilisés par quiconque.

Coverbild / Photo de couverture: www.ingimage.com

Verlag / Editeur:
Presses Académiques Francophones
ist ein Imprint der / est une marque déposée de
AV Akademikerverlag GmbH & Co. KG
Heinrich-Böcking-Str. 6-8, 66121 Saarbrücken, Deutschland / Allemagne
Email: info@presses-academiques.com

Herstellung: siehe letzte Seite /
Impression: voir la dernière page
ISBN: 978-3-8381-7800-4

Table des matières

Si vous voulez vous améliorer,
regardez celui qui fait mieux que vous,
copiez le dans un premier temps
puis cherchez à le dépasser.
Henry Ford

Notations

Grandeurs tensorielles ou scalaires

$\underline{A}$	tenseur d'ordre 2
$\underline{\underline{A}}$	tenseur d'ordre 4
$\underline{I}$	tenseur identité d'ordre 2
$\underline{\underline{I}}$	tenseur identité d'ordre 4
$\underline{A} : \underline{B} = A_{ij}B_{ji}$	produit doublement contracté
$tr\left(\underline{A}\right)$	trace de $\underline{A}$
$\underline{A}^{\mathrm{T}}$	transposé de $\underline{A}$
$\underline{A}^{-1}$	inverse de $\underline{A}$
$\underline{A}^{-\mathrm{T}}$	inverse de transposé de $\underline{A}$
$\underline{X}^{\mathrm{S}}$	partie symétrique de $\underline{X}$
$\|\underline{A}\| = \sqrt{\underline{A}:\underline{A}}$	norme euclidienne de $\underline{X}$
$\frac{\partial(\bullet)}{\partial X}$	dérivée partielle de $(\bullet)$ par rapport à X

Grandeurs géométriques

Ω_t	Domaine matériel
Γ_t	Frontière du domaine matériel Ω_t

Grandeurs mécaniques

E	module d'Young
ν	coefficient de Poisson
ρ	masse volumique
α	coefficient de dilatation thermique
$\underline{\underline{C}}^e$	tenseur de comportement élastique
$\underline{\sigma}$	tenseur des contraintes de Cauchy
$dev(\underline{\sigma})$	déviateur de $\underline{\sigma}$
$\underline{S} = (det\underline{F})\underline{F}^{-1}\underline{\sigma}\underline{F}^{-T}$	second tenseur des contraintes de Piola-Kirchhoff
$\underline{E} = \frac{1}{2}\left(^T\underline{F}\underline{F} - \underline{I}\right)$	tenseur des déformations de Green-Lagrange
$\underline{\varepsilon}$	tenseur des déformations totales
$\underline{\varepsilon}^p$	tenseur des déformations plastiques totales
p_i	Variables interne scalaire
R_i	Variables flux scalaire associée à la variable interne p_i
$\underline{\alpha}_i$	Variables interne tensorielle
$\underline{X}_i$	Variables flux tensorielle associée à la variable interne $\underline{\alpha}_i$

Grandeurs du modèle

ψ	énergie libre spécifique d'Helmholtz
f	fonction de charge
T	température courante
ε^{pt}	déformation de transformation
z	fraction volumique de martensite
$\mathcal{D}_i$	dissipation intrinsèque
π	force motrice de la transformation de phase
σ_y	limite élastique
z_∞	fraction de saturation
ε_{act}	déformation d'activation
a	coefficient de symétrie en cisaillement
b	coefficient de modulation de la transformation
n	sensibilité à la croissance
K_i	consistances de la phase i
n_i	coefficient d'écrouissage de la phase i
$\underline{X}$	variable d'écrouissage cinématique
δ	coefficient associée à l'écrouissage cinématique
γ	coefficient associée à l'écrouissage cinématique
E_0	module d'Young initial
E_∞	module d'Young à saturation
β	coefficient associée à l'évolution du module d'Young
q	coefficient associée à l'évolution du module d'Young

Chapitre 1

Introduction générale

Les technologies industrielles se sont beaucoup développées au cours du siècle dernier. L'essor du marché des transports amène à augmenter la concurrence et à diminuer les délais de mise au point des composants. Ce dernier critère influence directement les habitudes des concepteurs tant du point de vue de l'esthétique, que de celui des objectifs en termes de comportement et de tenue en service des composants. Le développement de moyens de calculs puissants et peu onéreux, a fait croître l'intérêt des industriels vis à vis de la simulation numérique comme outil de développement. En effet, l'outil numérique rend possible la réalisation de maquettes virtuelles (Digital Mock Up) conduisant à prendre en considération toutes les phases d'élaboration d'un produit. Ces phases vont du prototype jusqu'à l'emballage des composants tout en conservant des critères d'élaboration propres à l'entreprise. Cette philosophie reste cependant l'apanage de quelques grosses industries, comme l'industrie automobile et aéronautique.

La conception des véhicules était, jusqu'à un passé proche, attachée à des critères de résistance, de durée de vie (fiabilité), d'esthétique et de standing. Cependant, le constat alarmant de l'augmentation du nombre de victimes d'accidents routiers à amener les pouvoirs publics et les industriels à se fixer des priorités en termes de sécurité des occupants. La fin du XXème siècle a vu arriver de nouveaux composants et systèmes permettant de diminuer les risques de traumatismes et offrant un meilleur comportement des véhicules. On peut citer les Airbags, l'ABS et autres contrôleurs de trajectoires (ESP). Ces composants constituent des sécurités actives puisqu'ils ont directement une influence sur le contrôle et le comportement dynamique de la voiture. Ils sont très souvent liés à des systèmes couplant mécanique, hydraulique et électronique, i.e. les champs d'applications de la mécatronique. Les sécurités passives sont quant à elles, des éléments permettant de conserver au mieux l'intégrité de l'habitacle des passagers lors d'un choc, i.e. pendant un accident.

Ce sont des composants dits à déformation programmée, dans le sens où ils limitent la propagation du choc dans l'habitacle. Le but principal étant d'absorber le choc à l'extérieur de la zone où se trouvent les occupants. L'habitacle doit donc être extrêmement rigide et les pièces de structures doivent être capable d'absorber de très grandes sollicitations afin d'assurer l'intégrité des passagers.

Une solution envisageable est de surdimensionner les structures dédiées à encaisser les chocs, mais en utilisant des matériaux possédant une forte capacité à se déformer et à absorber de l'énergie.

Pourtant, suite aux accords de Kyoto, les grandes puissances industrielles ont décidé de diminuer l'émission des gaz à effets de serre. Or, du fait de l'implantation de nouveaux organes de sécurité (actifs et passifs), le poids des véhicules augmente de manière linéaire entre les modèles. Cela donne alors lieu à une augmentation de la consommation et donc à l'émission de gaz polluants. Il existe cependant des méthodes et des moyens de conception pour chacun des organes de sécurité.

D'une part, dans le cas des sécurités actives, on s'intéresse à la miniaturisation des composants et à l'utilisation de matériaux polymères pour de nombreux composants (carters, organes d'engrènement,...).

D'autre part, dans le cas des organes passifs (ou à déformation programmée), l'ULSAB [5] préconise l'utilisation de matériaux à Haute Limite d'Elasticité (HLE), alors que certains constructeurs préconisent l'emploi d'alliages d'aluminium.

Un grand nombre de constructeurs automobiles tendent vers l'utilisation de matériaux HLE. Cependant ces matériaux sont onéreux, et leurs comportements peuvent être particuliers. Les composants étant obtenus par des procédés de mise en forme tels que l'emboutissage, le pliage, le cintrage et l'hydroformage de tubes et de flans, il est nécessaire de prédire la formabilité des composants afin de permettre une mise au point des outillages et procédés rapide et peu coûteuse. Or la prédiction du comportement de ce type d'aciers n'est pas aussi simple que dans le cas des aciers conventionnels. Il est donc nécessaire de caractériser plus en détail les effets constatés expérimentalement et pouvant avoir des conséquences importantes au niveau des procédés de fabrication et de la tenue en service des composants.

Dans ce mémoire, on propose un ensemble d'investigations expérimentales et de modélisation pour deux catégories d'aciers HLE : les aciers TRiP et les aciers inoxydables austénitiques de type 304 et 301.

Dans le chapitre 2, on présente une étude visant à caractériser l'évolution du module d'élasticité avec l'écrouissage constatée pour certains aciers. Cette étude débouche sur une méthode d'identification expérimentale appelée méthode vibrométrique.

La caractérisation de cette évolution conduit à constater que certains aciers présentent une restauration partielle ou complète de leurs propriétés élastiques. Dans le cas des aciers TRiP700, ASS301LN2B et ASS304L, ces caractéristiques ne sont pas restaurées. On propose alors de démontrer que cette modification du module d'Young est liée à une transformation de phase de type martensitique associée à l'effet TRiP. On présente alors une étude bibliographique visant à présenter les modélisations de cet effet. Certaines constatations conduisent à développer un modèle de comportement adapté à la simulation du comportement de ces aciers lors des procédés de mise en forme.

Dans le chapitre 3, on propose une modélisation au sens de la thermodynamique des processus irréversibles de l'effet TRiP. Les modèles sont développés dans le cadre d'une approche purement phénoménologique en prenant en compte l'influence de la transformation de phase. Des considérations liées à la nécessité de représenter certains phénomènes tels que l'anisotropie initiale et l'influence de l'effet Bauschinger sont introduits.

Le chapitre 4 est relatif aux méthodes expérimentales mises en place pour identifier les modèles présentés précédemment. On s'attache à séparer deux catégories d'essais :

– Les essais de caractérisations des écrouissages,
– Un essai de caractérisation de l'évolution de la transformation.

Cette présentation faite, on s'oriente ensuite vers les approches utilisées pour identifier les paramètres matériaux, lorsque les essais expérimentaux ont abouti. Celles-ci sont basées sur l'utilisation de méthodes d'optimisation par algorithmes génétiques, mais nécessitent l'introduction d'essais de caractérisation homogènes et monotones.

L'implantation numérique dans des solveurs éléments finis des modèles de comportement développés est ensuite envisagée. La méthode et les développements sont ainsi présentés dans le chapitre 5. La résolution du système différentiel est basée sur la généralisation de l'algorithme du retour radial. Les modèles sont alors implantés dans les codes Polyform© et LS-Dyna®. Dans la suite du chapitre, un module d'identification basé sur la corrélation simulations éléments finis et méthodes d'optimisation est alors présenté. Ce module permet alors de faire abstraction des notions d'homogénéité et de monotonie des essais expérimentaux considérés dans le chapitre 4. La méthode d'optimisation est basée sur un algorithme SQP.

Le chapitre 6 a pour thème central la simulation des procédés de mise en forme et de l'étude des relations procédés et comportement en service des composants obtenus. On présente dans un premier temps, l'emboutissage d'un godet cylindrique, d'un composant automobile ainsi que de l'hydroformage d'un tube. La formabilité de ces pièces sera alors investiguée grâce à l'utilisation des courbes limites de formage obtenues par la méthode d'analyse linéaire de sensibilité couplée à un modèle d'endommagement. On présente ensuite la prédiction du retour élastique et du comportement dynamique de certains de ces composants. Des modules spécifiques à la prédiction du retour élastique ainsi qu'à l'extraction modale sont alors présentés. L'influence de la variation du module d'Young est alors prise en compte. En dernier lieu, on présente une approche permettant de caractériser et de prendre en compte les méthodes de fabrication et d'assemblage d'une sécurité passive. Un essai de crash est alors mis en place afin de comparer les résultats obtenus avec l'approche industrielle standard. Ces simulations ont été menées avec le code généraliste LS-Dyna.

Enfin, le dernier chapitre "Conclusions et perspectives" relate les apports principaux de la thèse, tant du point de vue de la caractérisation des comportements matériels, que du point de vue de l'étude des procédés de fabrication et des relations procédés-tenue en service. Un certain nombre de perspectives sont également évoquées.

Chapitre 2

Essais de caractérisation des modifications élasto-plastiques des aciers

On propose dans ce chapitre d'analyser l'éventuelle influence de l'écrouissage sur le comportement élasto-plastique de matériaux conventionnels puis d'aciers à haute limite d'élasticité à transformation de phase de type martensitique (TRiP). On analyse l'irréversibilité du processus dans le cas d'aciers exhibant une transformation de phase. De plus, on présente une synthèse bibliographique des modèles de comportement de ces aciers conduisant au constat d'une forte représentation de modèles micro-mécaniques ou semi-phénoménologiques impliquant un grand nombre de paramètres matériaux mal maîtrisés ou postulés. Ce bilan amènera à préciser les difficultés d'utilisation de ces modèles dans le cas de simulations complexes et plus particulièrement lors de la prédiction du comportement résultant des procédés de formage. Les conclusions amènent ainsi à tenter de prédire les réponses du matériau sous sollicitations complexes, par une approche purement phénoménologique du processus de transformation de phase.

1   Modifications des propriétés élastiques avec l'écrouissage

A partir des constatations de Morestin [91][92] sur des aciers conventionnels, on se propose de réaliser des investigations concernant l'évolution des propriétés élastiques (module d'élasticité longitudinal) avec l'écrouissage. Un certain nombre de moyens expérimentaux sont disponibles au sein du Laboratoire de Mécanique Appliquée de Besançon, et on présente dans ce chapitre les diverses méthodes envisagées afin de mettre au point la méthodologie d'identification. Cette énumération débouche sur la méthode vibrométrique proposée pour identifier avec fiabilité cette cinétique [114][113].

1.1 Identification par essais de traction alternée (Charges/Décharges)

L'essai mécanique le plus simple à mettre en oeuvre pour révéler le développement de l'écrouissage est sans aucun doute l'essai de traction uniaxial. En effet, si l'on se réfère à la théorie de l'élasticité linéaire isotrope, le module d'Young E est défini à partir d'un simple essai uniaxial (figure 2.1) comme étant le facteur de proportionnalité entre contrainte appliquée et déformation associée (pente linéaire). Il en en résulte que l'identification de la pente à l'origine de la courbe d'écrouissage, i.e. la courbe reliant la contrainte uniaxiale σ_L à la déformation ε_L, permet de remonter au module d'élasticité. En se référant à la figure 2.1, dans le cas où la contrainte uniaxiale appliquée dépasserait la limite élastique σ_y (charge suivant OA), la nouvelle limite élastique résulte du nouvel état de contrainte atteint au point B et de la déformation plastique associée après déchargement (décharge BC).

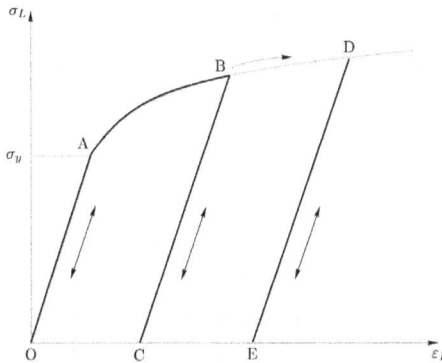

FIGURE 2.1 – *Courbe d'écrouissage pour un acier conventionnel.*

Il en résulte qu'une suite de charges et décharges à niveaux de déformation imposés permet, en principe, d'identifier l'évolution du module d'Young avec la déformation. Sous l'impulsion de monsieur O. Ghouati de la société FORD Aachen, des essais ont déjà été réalisés au sein du laboratoire par utilisation de cette méthode sur les aciers DP600, TRIP700 et Inox 304L par l'intermédiaire de J.F. Michel [88]. La figure 2.2 relate les courbes de charges et décharges obtenues sur une machine de traction de type Instron 6025. Après dépouillement, l'évolution du module d'élasticité en fonction de la déformation plastique équivalente est représentée sur la figure 2.3.

Cette courbe montre une diminution prononcée du module d'Young avec la déformation plastique équivalente, cependant l'identification est très dépendante du mode de mesures de la déformation, à savoir

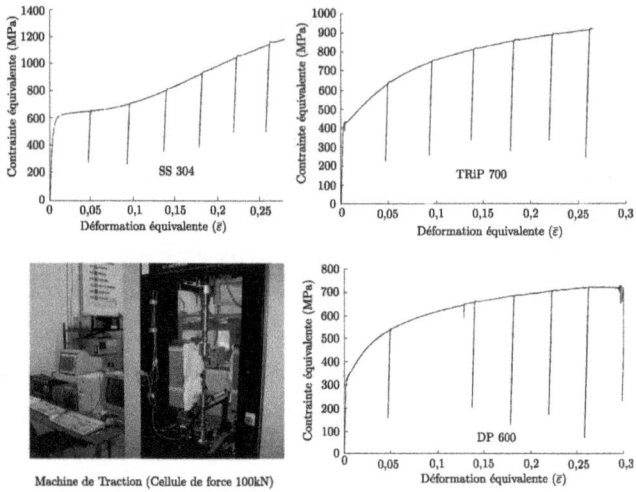

FIGURE 2.2 – *Courbes d'écrouissages avec cyclages charges / décharges sur des aciers TRIP 700, DP 600 et SS304.*

des extensomètres. En effet, la recherche du module d'élasticité est liée à l'identification de la pente de charge et décharge. Or si l'on se réfère à la figure 2.4, on constate que l'identification de la pente est très sensible au nombre de points considérés et présente une réelle dispersion dans le cas de mesures par extensomètres. De plus si l'on se réfère au site internet de l'US Steel [109], les valeurs des modules d'Young données sur ce site, ne sont pas en adéquation avec ceux obtenus. En effet, d'après leurs caractéristiques le module d'Young de l'acier DP600 est de 221 GPa pour 189 GPa identifié, l'acier TRiP présente une valeur du module de 202 GPa pour 211 GPa et l'acier inoxydable a été caractérisé pour une valeur de 173 GPa pour 200 GPa. La méthode de charges - décharges permet néanmoins d'indiquer les évolutions des modules d'élasticité avec la déformation. Afin d'envisager une mesure plus pertinente de cette évolution, on s'oriente vers des méthodes différentes basées sur la propagation d'ondes au sein du milieu par des méthodes acoustiques ou vibratoires.

Ces méthodes présentent l'avantage, dans certains cas, de pouvoir exprimer les propriétés élastiques à partir de paramètres maîtrisés par l'expérimentateur. Cependant, afin de cerner l'influence de l'écrouissage sur ces propriétés, il est nécessaire de prédéformer les éprouvettes de tests.

Dans ce cas, l'essai de traction sera l'essai de référence du fait qu'il est simple à mettre en oeuvre, fiable vis à vis de la mise en prédéformation ; de plus, la direction de sollicitations est connue. Dans la suite,

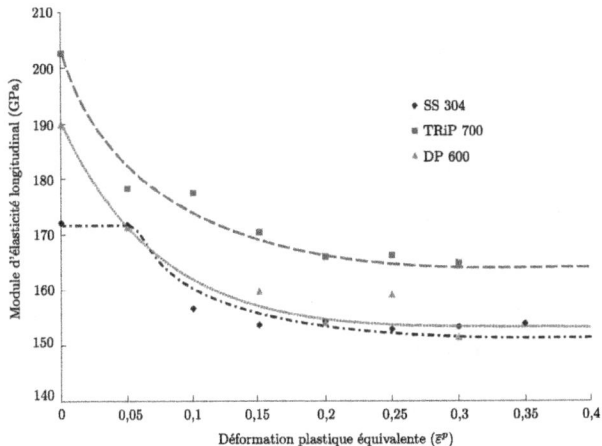

FIGURE 2.3 – *Evolution du module d'élasticité longitudinal par essais de charges et décharges.*

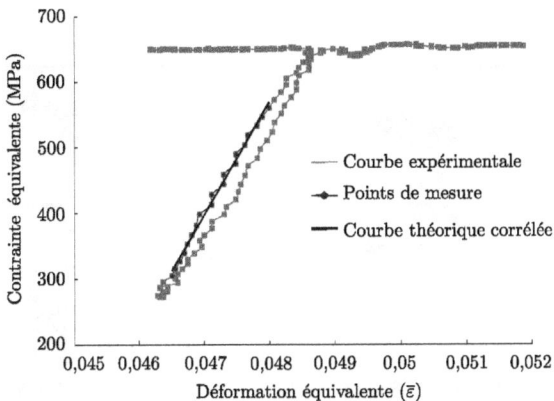

FIGURE 2.4 – *Identification de la modification du module d'Young sur un essai de charges et décharges, d'après Michel [88] sur un acier inoxydable 304.*

on effectuera les essais d'identification à partir d'éprouvettes pré-écrouies grâce à un essai de traction uniaxiale.

1.2 Identification par la méthode des ultra-sons

Comme on vient d'en faire état, la méthode de chargements-déchargements successifs lors d'essais de traction uniaxiaux ne paraît pas donner l'évolution précise des propriétés élastiques et plus particulièrement du module d'Young, mais permet d'entrevoir la tendance à l'évolution. Afin de prédire plus correctement cette évolution, on propose l'utilisation d'une méthode acoustique basée sur la propagation des ultra-sons dans un milieu continu. En effet, il est possible à partir des équations de Navier, et en l'absence d'une densité volumique d'efforts, d'exprimer l'équilibre du milieu.

Par utilisation de la loi de comportement élastique et en considérant que le milieu est traversé par une onde plane, il est possible d'exprimer les constantes élastiques de Lamé λ et μ à partir des équations de propagations suivantes

$$v_T = \sqrt{\frac{\mu}{\rho}} \quad v_L = \sqrt{\frac{\lambda + 2\mu}{\rho}} \tag{2.1}$$

où v_L est la vitesse de propagation longitudinale par référence au sens de polarisation colinéaire à la direction de propagation tandis que v_T désigne la vitesse de propagation transversale dont le sens de polarisation est orthogonal à la direction de propagation (figure 2.5).

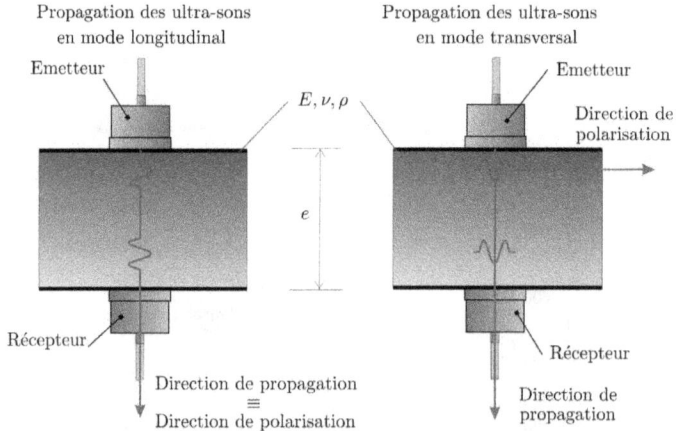

FIGURE 2.5 – *Principe de la méthode par ultra-sons dans le cas d'un milieu d'épaisseur e.*

On peut relier les coefficients de Lamé aux coefficients de la loi de Hooke grâce aux relations

$$E = \frac{\mu(2\mu + 3\lambda)}{\lambda + \mu} \quad \nu = \frac{\lambda}{2(\lambda + \mu)} \tag{2.2}$$

Il s'ensuit donc l'expression directe des modules d'élasticité :

$$E = \rho v_T^2 \frac{4v_T^2 - 3v_L^2}{v_T^2 - v_L^2} \quad v = \frac{2v_T^2 - v_L^2}{2(v_T^2 - v_L^2)}$$

(2.3)

De ces deux expressions, on en conclut que sous réserve d'une mesure fiable de la masse volumique ρ et des vitesses de propagation longitudinales et transversales, on peut remonter précisément à la valeur des modules d'élasticité et plus particulièrement au module d'Young. Les vitesses instantanées sont mesurées en quantifiant le temps mis par l'onde pour traverser le milieu d'épaisseur e. Il vient

$$v_L = \frac{2e}{t_L} \quad v_T = \frac{2e}{t_T}$$

(2.4)

où t_L et t_T représentent le temps mis par les ondes longitudinales et transverses à parcourir la distance $2e$, i.e. la distance entre l'émetteur et le capteur (dans le cas de cette étude il s'agit du même instrument de mesure). A partir d'une mesure précise de l'épaisseur du milieu et connaissant les temps de parcours, il vient directement la variation du module d'Young

$$E = 4\rho \frac{e^2}{t_L^2} \frac{4t_L^2 - 3t_T^2}{t_L^2 - t_T^2}$$

(2.5)

Cependant, Diel [32] dans le cadre d'un projet de fin d'études de l'ENSMM, a démontré que ce moyen de mesure n'est fiable que dans le cas de milieu relativement épais ($e > 1$cm). Or dans le cas des tôles, les ondes acoustiques parcourent le milieu à des vitesses trop importantes pour les moyens de mesures disponibles. Cette méthode serait donc fiable, à condition de posséder des instruments de mesures plus performants. Dans le cas contraire, il est donc nécessaire de s'orienter vers d'autres méthodes de mesures. Dans la suite, on présente une méthode originale d'identification basée sur l'extraction modale d'une poutre élastique : la méthode vibrométrique.

1.3 Méthode vibrométrique

Cette méthode a donné lieu à une mise au point développée en collaboration avec l'équipe dynamique des structures du LMARC de Besançon. Elle permettra de détailler rigoureusement la méthodologie employée pour identifier l'évolution du module d'Young comme décrit dans [114][113]. Le principe de base de cette technique est assez simple. En effet, tout milieu continu élastique possède une infinité de modes propres et peut être vu comme l'extension de la théorie des vibrations des systèmes discrets (somme d'une infinité d'oscillateurs harmoniques) [21][24]. A partir des équations de la dynamique des solides élastiques (équations de mouvement) et par utilisation du principe des puissances virtuelles, on aboutit à l'équation aux valeurs propres suivante :

$$\left(K - \omega_v^2 M\right) y_v = 0$$

(2.6)

où K et M sont respectivement la matrice de raideur et de masse du système. ω_v et y_v sont respectivement les fréquences propres (valeurs propres) et les vecteurs propres associés au mode propre v. Les y_v possèdent les propriétés d'orthogonalité ($y_i y_j = 0$) et du fait des propriétés de symétrie et de défini-positivité de K et M, les fréquences propres sont réelles et positives.

Dans le cadre de la théorie des poutres ou des plaques (cas des tôles planes), il est ainsi possible de ré-soudre cette équation aux valeurs propres pour des conditions aux limites déterminées, voir ouvrages de références tels que [21] [75]. La méthodologie expérimentale exprimée par la suite ainsi que la corrélation théorique, puis l'application directe à l'identification de l'évolution du module d'Young, en découlent.

1.3.1. Méthodologie expérimentale

Dans le cas d'un essai de traction unixiale, on peut faire l'hypothèse de l'homogénéité de la déformation plastique dans l'ensemble de la zone déformée et cela pour une grande plage de mesure, i.e. avant stric-tion ou phénomènes de localisation (i. g. endommagement, fissuration ...). On fait le choix de prélever un échantillon dans l'éprouvette pré-écrouie initialement en lieu et place des extensomètres. L'échan-tillon prélevé satisfait les conditions nécessaires à l'application de la théorie des poutres, i.e. la longueur (direction de mesure dans l'axe de l'éprouvette de traction) doit être d'une dimension plus importante que les dimensions tranverses (largeur et épaisseur). Soit une longueur de 40 mm, une largeur de 6mm et une épaisseur imposée par le type de tôle utilisée (figure 2.6).

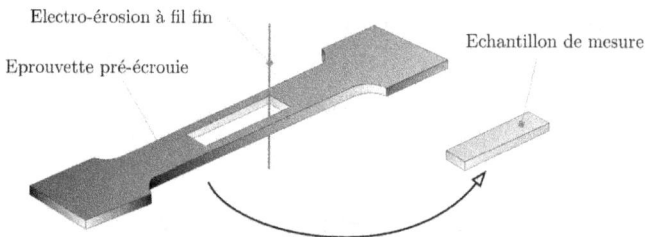

Electro-érosion à fil fin

Eprouvette pré-écrouie

Echantillon de mesure

FIGURE 2.6 – *Extraction et localisation des échantillons.*

Afin, de pouvoir éviter tout problème de conditions aux limites pouvant altérer la raideur du système (amortissement et raideur intrinsèque de liaison), on désire effectuer une mesure dans des conditions libres de tout mouvement. Afin de s'approcher de ces conditions, l'expérimentateur suspend l'échan-tillon sur des élastiques en caoutchouc. L'influence de ces suspentes peut être négligée dans le cas où la raideur intrinsèque de la suspension est négligeable, i.e. si les modes des suspensions sont éloignés des modes de la structure étudiée. Or du fait des faibles dimensions des éprouvettes, ces modes sont très éloignés (plusieurs centaines de Hertz) alors que les modes de suspensions sont proches de l'origine des fréquences, i.e. proche des modes de corps rigides puisque leur raideur intrinsèque est négligeable. La figure 2.7.a. représente la schématique de la suspension ainsi que la localisation des modes propres. Dans le cas où tout a été mis en oeuvre pour respecter les principes précédents, les conditions aux limites sont donc en partie respectées.

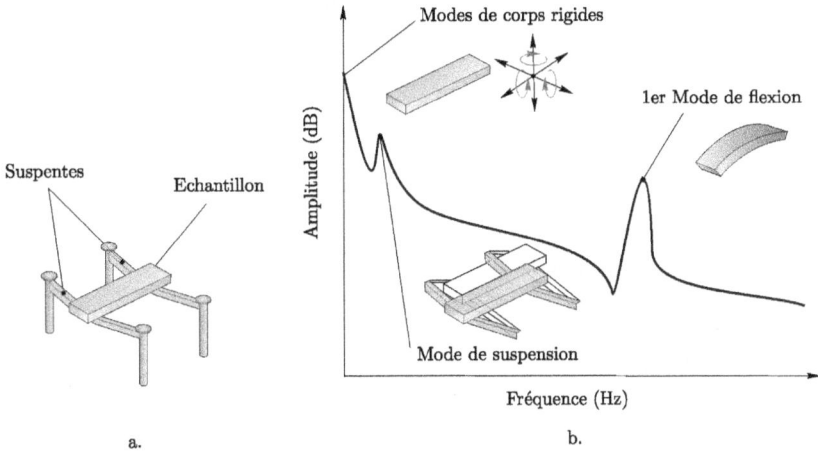

FIGURE 2.7 – *Mise en place de la méthode expérimentale - (a) Conditions aux limites expérimentales (b) Fonction réponse fréquentielle.*

Afin de pouvoir extraire les modes propres de la structure, il est nécessaire d'exciter la structure et de capter sa réponse en fonction de l'excitation. Pour permettre de garder les conditions aux limites naturelles de la poutre, on voudrait pouvoir effectuer une mesure sans contact. Dans ces conditions et dans le cas où le matériau est magnétique (la majorité des aciers contenant du fer), il est possible d'effectuer l'excitation à l'aide d'un électro-aimant et dans tous les cas la réponse peut-être obtenue par utilisation d'un capteur capacitif (capteur mesurant la variation d'air associée à sa distance au milieu étudié).

A l'aide d'une carte d'acquisition Siglab, permettant d'émettre une excitation et d'acquérir un signal, le logiciel associé et développé sous Matlab, permet de créer les Fonctions Réponses Fréquentielles (FRF) définies comme les fonctions de transfert entre excitation et réponse en fonction de la fréquence (fig. 2.7.b.). Pour permettre de balayer un large spectre de fréquences et déterminer ces réponses fréquentielles, on excite la structure en bruit blanc (signal pseudo-aléatoire balayant un spectre de fréquences souhaitées). La figure 2.8 représente le dispositif de fonctionnement employé pour la mise au point expérimentale.

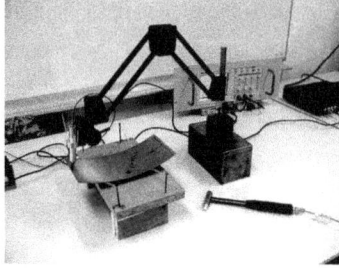

FIGURE 2.8 – *Dispositif expérimental.*

1.3.2. Corrélation avec la théorie des poutres en flexion

A partir de [75] et dans le cas de la dynamique des poutres, les fréquences propres de flexion dans des conditions quelconques s'expriment par

$$f_v = \frac{\lambda_v^2}{2\pi l^2}\sqrt{\frac{Eh^2}{12\rho}} \qquad (2.7)$$

où f_v est la v-ième fréquence propre de flexion, l et h sont respectivement la longueur et l'épaisseur de la poutre, E son module d'Young et ρ la masse volumique. Les coefficients λ_v dépendent des conditions aux limites et dans le cas des conditions libre-libre, la première fréquence propre est donnée par

$$f_1 = \frac{4,73^2}{2\pi l^2}\sqrt{\frac{Eh^2}{12\rho}} \qquad (2.8)$$

Dans ces conditions, il s'ensuit l'expression du module d'Young, soit

$$E = \frac{4\pi^2 l^4}{4,73^4}\frac{12\rho}{h^2}f_1^2 \qquad (2.9)$$

Cette relation permet d'évaluer l'incertitude de mesures par l'utilisation des dérivées logarithmiques :

$$\frac{dE}{E} = 4\frac{dl}{l} + \frac{d\rho}{\rho} - 2\frac{dh}{h} + 2\frac{df_1}{f_1} \qquad (2.10)$$

or l'expression de la dérivée logarithmique de la masse est donnée par

$$\frac{d\rho}{\rho} = \frac{dm}{m} - \frac{dl}{l} - \frac{db}{b} - \frac{dh}{h} \qquad (2.11)$$

où b représente la largeur de l'éprouvette. Il s'ensuit par passage au calcul d'erreur que l'incertitude de mesure du module d'Young est donnée par

$$\frac{\Delta E}{E} = 3\frac{\Delta l}{l} + \frac{\Delta b}{b} + 3\frac{\Delta h}{h} + 2\frac{\Delta f_1}{f_1} + \frac{\Delta m}{m} \qquad (2.12)$$

On en déduit qu'une bonne maîtrise de la mesure de la masse volumique mais de manière plus importante des dimensions de l'échantillon est nécessaire pour obtenir des résultats précis. Le mode d'obtention des échantillons doit être précis et le procédé envisagé est l'électro-érosion. En effet, ce procédé possède l'avantage d'échauffer très localement la matière (création d'un plasma inférieur à 1 μm de diamètre) et permet de garder des tolérances proches du centième de millimètre. Pour l'épaisseur de l'échantillon, elle est imposée d'autre part par le cahier des charges et varie sensiblement avec l'écrouissage. La mesure de cette dimension est obtenue de manière discrète par utilisation d'un micromètre de précision (ou Palmer) d'une tolérance de 0,01 mm. La masse volumique est soit donnée par le cahier des charges (dans ce cas l'erreur est nulle) ou mesurée et dépendant du type de balance utilisée. L'utilisation d'une chaîne numérique possède l'avantage de pouvoir localiser de manière très précise la première fréquence propre par diminution récursive de la fenêtre spectrale amenant à réduire l'erreur de la fréquence. La maîtrise complète de ce processus permet ainsi d'obtenir précisément la variation du module d'Young.

1.3.3. Applications à l'évolution du module d'élasticité de certains aciers

La méthode vibrométrique présentée précédemment est utilisée pour identifier l'évolution du module d'Young sur des aciers DC04, DP600, TRiP700 et ASS304. On donne sur la figure 2.9, les évolutions du module d'Young en fonction de la déformation plastique équivalente.

L'évolution du module d'Young dans le cas de l'acier inoxydable austénitique métastable n'a pu être obtenue par la méthode vibrométrique présentée, du fait que ce type d'acier n'est pas magnétique initialement. Une modification de la méthode a été utilisée en apposant sur l'éprouvette un échantillon de tôle ferromagnétique de dimension très inférieure à la poutre (soit un carré de 3mm x 3mm et d'épaisseur 0,05 mm). En utilisant cette méthode, il est ainsi possible d'exciter localement la structure à partir d'un composant dont les fréquences propres sont en principe éloignées de celles de la structure d'étude. Cependant, la liaison est réalisée par une pâte fixante et on ne peut connaître sa réelle influence sur la raideur du système. On s'est donc orienté dans ce cas vers la méthode de charges - décharges présentée précédemment. Afin de valider la méthode vibrométrique proposée, on la compare par rapport à la méthode de référence, i.e. la méthode de charges et décharges. Si l'on se réfère à la figure 2.3, on peut constater que la tendance de l'évolution est semblable dans le cas des deux méthodes, mais la dispersion de mesure est plus faible dans le cas de la méthode vibrométrique.

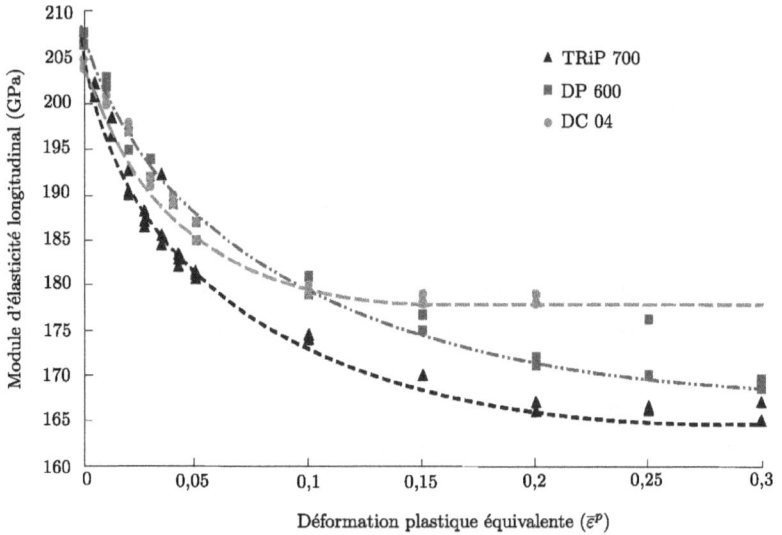

FIGURE 2.9 – *Variation du module d'Young en fonction de la déformation plastique équivalente.*

1.4 Phénomène de restauration des propriétés élastiques avec le temps

Suivant Morestin [91][92], les aciers dont il a extrait l'évolution possédaient le même caractère à saturation que ceux étudiés. Cependant, un autre constat a été développé et est relatif à la restitution complète du module d'élasticité avec le temps, avec l'idée sous-jacente d'exprimer les propriétés élastiques comme ayant un caractère viscoélastique. Après plusieurs jours (trois jours, une semaine puis un mois), de nouvelles mesures ont donc été effectuées et les aciers DC04 et DP600 ont révélé une restitution des propriétés élastiques. Il sera donc nécessaire dans le cas de tels aciers de prendre d'une part la modification du module d'Young avec l'écrouissage et, d'autre part, sa restitution totale avec le temps. Le phénomène de restitution n'ayant été que partiellement aperçu, on proposera une modélisation du phénomène de restitution à partir des résultats expérimentaux obtenus par Morestin [91][92].

1.5 Irréversibilité du processus sur les matériaux TRiP et inoxydables austénitiques

La restitution des propriétés élastiques obtenue sur des aciers conventionnels ainsi que sur un acier Dual Phase, a permis de mettre en avant les mêmes conclusions que celles données par Morestin. Dans le cas des aciers TRiP700 et SS304, la restitution des propriétés élastiques n'a pas été constatée et cela même après plusieurs semaines. Une interrogation se pose alors quant à la réversibilité de cette évolution.

2 Description du phénomène TRiP

2.1 Intérêt des aciers TRiP en conception automobile

Comme il en a été fait état précédemment, l'industrie automobile doit faire face à plusieurs contraintes pour réaliser les véhicules. Les notions de sécurité des occupants et de consommation du véhicule sont étroitement liées mais fortement opposées. En effet, pour diminuer la consommation des véhicules, on tente de diminuer le poids de ceux-ci tout en augmentant le nombre d'organes de sécurité actifs et passifs. Cette diminution du poids se fait soit en utilisant des alliages légers (alliages d'aluminium Al-Mn), soit en réduisant les dimensions des structures. Pour le mécanicien, réduire le dimensionnement mène inexorablement à une moindre résistance aux sollicitations mécaniques. L'industrie automobile s'est donc orientée vers de nouveaux matériaux à haute limite élastique afin de répondre à l'attente des concepteurs.

2.1.1. Classification ULSAB

De nombreux organismes ont été créés sous l'impulsion des constructeurs automobiles, afin d'apporter des solutions quant au choix des matériaux nécessaires à la conception des structures automobiles. Ainsi des organismes tels que l'ULSAB AVC (Advanced Vehicle Concepts) [5] préconisent l'utilisation d'aciers à haute limite d'élasticité pour la réalisation de composant de renforts structuraux. La majeure partie de ces composants est obtenue par des procédés de fabrication à partir de tôles (emboutissage, hydroformage, pliage...) ou de tubes (hydroformage, cintrage...). Ces procédés de mise en forme requièrent pour le composant une forte capacité à se déformer de façon importante sous sollicitations. De plus pour pouvoir répondre à l'attente de l'industrie automobile, ces matériaux doivent présenter une résistance équivalente aux aciers conventionnels mais pour une épaisseur plus faible. Il est alors possible d'utiliser de tels aciers puisque leur haute limite d'élasticité permet de respecter les contraintes imposées et de posséder une excellente capacité à absorber de l'énergie, lors d'un crash par exemple. C'est d'ailleurs une des raisons principales de l'utilisation de ces matériaux pour les composants de renforts structuraux ainsi que pour les éléments de sécurité passive.

Une classification des matériaux utilisés (ou préconisés) par l'industrie automobile est représentée sur la figure 2.10. Cette classification est fonction de l'allongement (ductilité) et de la limite élastique conventionnelle. La dénomination d'aciers à très haute limite d'élasticité de type Dual Phase (DP), Complex Phase (CP), TRiP (TRansformation Induced Plasticity), Austenitic Stainless Steel (ASS) et Mart permettent d'entrevoir des utilisations particulières. En effet, les aciers Mart sont préconisés pour des pièces obte-

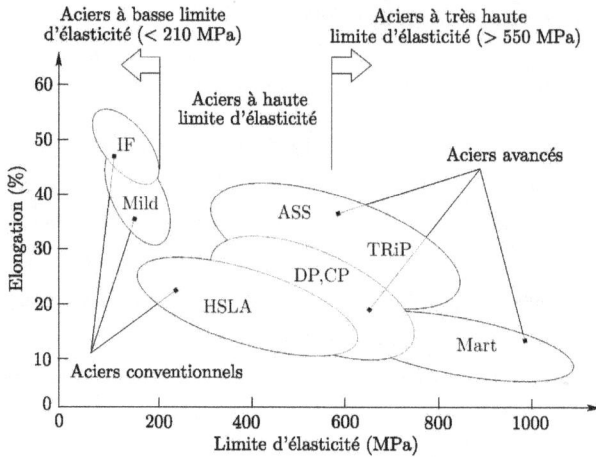

FIGURE 2.10 – *Classification ULSAB : Choix d'un alliage en fonction de sa résistance et de sa ductilité, d'après [5].*

nues par des procédés ne mettant pas en jeu d'importantes déformations plastiques et possédant une grande élasticité (capacité à absorber des chocs), ce qui est typiquement l'application de la conception du pavillon de la voiture. Par contre dans le cas où l'on doit obtenir des pièces par déformations plastiques importantes et présentant une très bonne résistance (rigidité), les aciers DP, TRiP et ASS sont conseillés. Ces aciers sont des alliages polyphasés basés sur une constitution de ferrite, bainite, austénite et martensite. Dans le cas des aciers TRiP, ces quatre phases coexistent pendant l'écrouissage et exhibent une transformation de phase de type martensitique conférant un comportement mécanique particulier au composant. De même, dans le cas des aciers ASS, leurs structures initiales sont purement austéni- tiques et il apparaît le même effet que dans le cas des aciers TRiP, à savoir une transformation de phase de type martensitique. Il est donc important, pour les industriels, de maîtriser le comportement de ces aciers pour pouvoir en prédire l'influence pendant toutes les phases de simulations avant fabrication et commercialisation des véhicules (i.g. simulations des procédés de fabrication et du crash).

2.1.2. Soudabilité des aciers TRiP

Les aciers DP sont à l'heure actuelle plus utilisés que les aciers TRiP et cela du fait de deux problèmes majeurs qui s'opposent à leur utilisation. Premièrement, le comportement particulier de ces aciers les rend sensibles à l'état de contrainte, aux effets thermiques ainsi qu'à la vitesse de sollicitation. Deuxiè- mement, un autre problème se pose quant à la soudabilité des aciers TRiP notamment vis à vis des aciers DP qui sont bien meilleurs dans ce domaine. C'est pourquoi un grand nombre d'auteurs [101][27][40][9] tentent de simuler le procédé de soudage sur de tels alliages. Dans cette thèse, le but n'est pas d'apporter une réponse quant à la soudabilité de ces aciers mais quant à leur modélisation dans le cadre des procédés de mise en forme et quant à l'influence de ce comportement sur les composants obtenus. Dans la suite, une présentation de l'influence de la transformation de phase sur le comportement des aciers TRiP et ASS sera présentée afin de pouvoir énoncer les paramètres influents du phénomène TRiP.

2.2   Description de la plasticité de transformation

Certains matériaux exhibent une modification de leur structure métallurgique sous chargement thermomécanique. Dans le cas de certains alliages ferreux, la structure ferritique initiale peut par chauffage être transformée en une structure austénitique et vice et versa par refroidissement. Selon la vitesse de refroidissement, la phase ferritique produite peut exister sous la forme de ferrite, de bainite, de perlite ou de martensite. Dans le cas d'un refroidissement contrôlé, il est ainsi possible d'obtenir des matériaux exhibant plusieurs phases, ce qui est le cas pour les aciers TRiP [56]. Ces matériaux voient les propriétés mécaniques améliorées selon les proportions de phases obtenues et plus particulièrement la proportion d'austénite résiduelle. Cette phase permet en effet au matériau d'exhiber, sous chargement thermomécanique, une transformation de phase de type martensitique induisant une déformation plastique supplémentaire : la plasticité de transformation.

2.2.1.   Définition de la plasticité de transformation

Si on se réfère à Mitter [89], le phénomène de plasticité de transformation peut se définir comme *un accroissement significatif de la plasticité au cours d'un changement de phase. Pour une contrainte externe appliquée, pour laquelle la contrainte équivalente est petite comparée à la norme de la limite d'élasticité du matériau, une déformation plastique macroscopique apparaît.* Pour expliciter cette définition, il suffit d'extraire une partie représentative du matériau. Pendant phénomène de transformation de phase, certaines parties du matériau exhibent une modification de leur volume (accommodation) ; cette variation de volume implique alors une déformation plastique dans les proches voisins de la zone de transformation. Cette déformation plastique est donc induite par l'influence de la contrainte extérieure sur l'orientation du champ de contrainte interne. Le couplage de ces deux phénomènes implique ainsi l'apparition d'un écoulement plastique supplémentaire au cours de sollicitations thermomécaniques. Ce phénomène est donc lié à l'apparition d'une déformation plastique macroscopique au cours d'une transformation métallurgique à l'état solide (transformation martensitique) et cela même pour des niveaux de contraintes nettement inférieurs à la limite d'élasticité de la phase la plus ductile. Ce phénomène est ainsi appelé plasticité de transformation ou effet TRiP pour TRansformation Induced Plasticity.

Dans le cas d'une étude basée sur la compréhension de l'effet TRiP, il est ainsi nécessaire de modéliser les deux effets principaux : i) l'orientation préférentielle des plaquettes de martensite avec la contrainte appliquée (effet Magee) dans le cas d'une transformation martensitique, et ii) l'apparition d'un écoulement plastique dans la direction de la contrainte externe appliquée (effet Greenwood-Johnson).

2.2.2. Effet Magee relatif à la transformation martensitique

Le mécanisme Magee [83][13] est explicité dans le cas de la transformation martensitique. Cette transformation se fait par formation de plaquettes de martensite dans la phase austénitique. Le comportement thermomécanique de ces deux phases étant très différent (la dureté de la martensite est très élevée et sa ductilité moindre vis à vis de l'austénite), un état de contrainte de cisaillement est engendré par un mécanisme similaire au maclage ce qui explique la dénomination de transformation displacive donnée à la transformation martensitique [13].

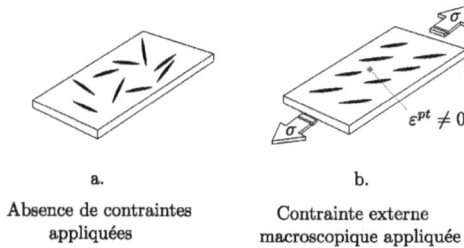

a.   b.

Absence de contraintes   Contrainte externe
appliquées   macroscopique appliquée

FIGURE 2.11 – *Effet Magee : orientation préférentielle des plaquettes de martensite dans la direction de la contrainte macroscopique externe appliquée.*

Dans le cas d'un état de contrainte nul (fig. 2.11.a), les plaquettes de martensite s'orientent aléatoirement, conférant globalement au matériau un comportement isotrope. Néanmoins, dès qu'une contrainte externe macroscopique est appliquée, un effet d'orientation des plaquettes dans la direction de celle-ci et un écoulement plastique macroscopique s'opèrent dans la direction des contraintes appliquées (fig. 2.11.b). Ce mécanisme, appelé effet Magee, est donc relatif à l'orientation préférentielle des plaquettes de martensite dans la direction de la contrainte macroscopique appliquée.

2.2.3. Effet Greenwood-Johnson (Plasticité de transformation)

Du fait des grandes différences au niveau du comportement des phases, un second effet vient s'ajouter au mécanisme d'orientation préférentielle. En effet, la différence de compacité entre les phases austénitique et martensitique induit un changement de volume pendant la transformation. En l'absence de contraintes externes, le tenseur microscopique des contraintes internes est sphérique, proche d'un état hydrostatique, impliquant un changement de volume (fig. 2.12.a). Dans le cas où un état de contrainte externe est appliqué, le tenseur microscopique n'est plus sphérique et les termes de cisaillement (état déviatorique) engendrent un écoulement plastique macroscopique dans la direction de la contrainte appliquée (fig. 2.12.b)[47].

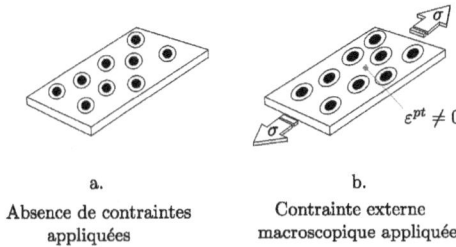

a.
Absence de contraintes
appliquées

b.
Contrainte externe
macroscopique appliquée

FIGURE 2.12 – *Effet Greenwood-Johnson : Nucléation d'une déformation plastique dans la direction de la contrainte macroscopique externe appliquée.*

Cet effet est à la base de l'influence de l'état de contrainte macroscopique sur l'évolution de la transformation de phase. En effet, si l'on se réfère à [111][69][56][31], les sollicitations thermomécaniques pénalisent ou favorisent l'évolution de la transformation et donc de la plasticité de transformation. La figure 2.13 représente l'évolution de la fraction volumique de martensite en fonction la déformation plastique de cisaillement sur un acier inoxydable de type 304. L'influence de l'état de contrainte est ainsi démontrée puisque l'évolution de la fraction volumique de martensite est plus favorisée dans le cas d'un état équibiaxé en traction par rapport à un état de contrainte équibiaxé en compression, avec tous les états intermédiaires. Cet effet doit donc être pris en compte pour modéliser le comportement de l'effet TRiP sous sollicitations complexes, i.e. prendre en compte l'état de contrainte au sein de la structure.

2.3 Influence de l'effet TRiP sous sollicitations dans les aciers

La cinétique et les mécanismes de la transformation associés à l'effet TRiP viennent d'être décrits. Cependant, la réelle influence sur le comportement des aciers exhibant ce phénomène, n'a été qu'en partie dévoilée. Dans la suite, on décrit donc l'influence au niveau macroscopique, i.e. sur l'écrouissage, de la transformation martensitique sur les matériaux étudiés : les aciers TRiP et SS304.

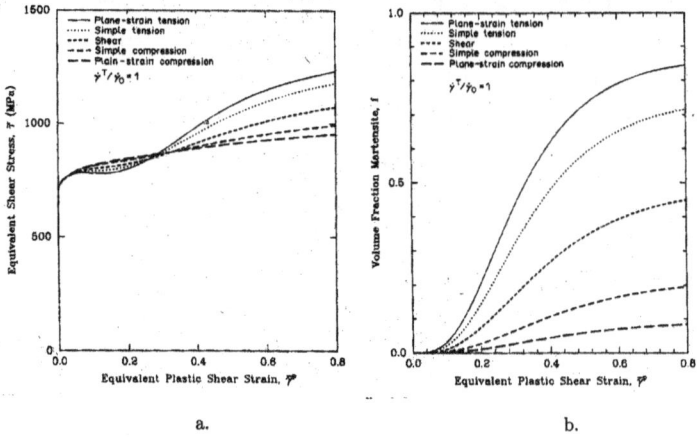

FIGURE 2.13 – *Influence de l'état de contrainte sur l'évolution de la plasticité*
de transformation - (a) Courbe d'écrouissage (b) Evolution de la fraction,
d'après [111].

2.3.1. Effet TRiP dans les aciers inoxydables austénitiques métastables

L'effet TRiP a été défini comme provenant de l'influence d'une transformation de phase de type martens-
tique au sein du matériau. Il est donc nécessaire de démontrer l'influence de cette transformation au niveau macroscopique sur le comportement de tels aciers et plus particulièrement sur la courbe d'écrouissage. On s'intéresse typiquement aux aciers inoxydables austénitiques métastables de série 3xx sujet à
une plasticité de transformation décrivant la courbe d'écrouissage obtenue lors de l'étude de charges et
décharges donnée par la figure 2.2. Cette évolution permet de rendre compte de l'effet de la transformation, puisqu'avant transformation, la courbe d'écrouissage présente le comportement standard d'un
acier conventionnel. Néanmoins pour une déformation équivalente comprise entre 5% et 10%, la variation de la contrainte (module tangent) s'accroît de manière conséquente. Cet effet est du à l'écoulement
plastique supplémentaire associé à la transformation de phase. Cette constatation oblige tout candidat
à la modélisation du comportement particulier de ces aciers de prendre en compte l'effet de la plasticité
de transformation sur l'écrouissage.

Les travaux proposés par Stringfellow [111] ainsi que ceux de Olson et Cohen [96], permettent de rendre
compte de l'effet de l'état de contrainte et de la température sur la transformation. En effet, selon l'état
de contrainte, la transformation sera favorisée et en corrélation avec la température de l'essai. Du point
de vue de la microstructure associée, ils sont dits austénitiques car leur structure initiale est composée

dans son intégralité d'austénite [117]. En se référant à la figure 2.14, l'influence du chargement permet de favoriser l'apparition des plaquettes de martensite dans l'austénite (fig. 2.14.a). Ces matériaux ont été très étudiés dans les 30 dernières années pour des raisons liées à leur excellente ductilité et à leur très grande résistance. Cependant, ces matériaux sont très limités à l'heure actuelle car il s'agit d'alliages très coûteux. Néanmoins, dans le cas de conceptions nécessitant de grandes aptitudes à la déformation et à la résistance, ils sont d'excellents candidats.

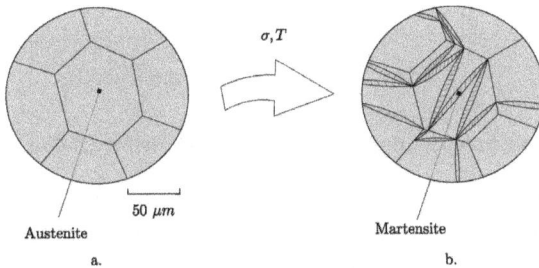

FIGURE 2.14 – *Microstructure d'un acier inoxydable austénitique métastable exhibant le phénomène TRiP : (a) Structure initiale - (b) Structure lors du chargement, d'après [117].*

2.3.2. Les aciers TRiP

Les aciers TRiP sont des alliages à haute teneur en Silicium développé pour l'industrie automobile, possédant une haute limite d'élasticité et une excellente ductilité. Leur microstructure est relativement proche des aciers Dual Phase puisqu'elle est composée en très grande partie de ferrite (environ 80%) et de bainite (quelques %) et pour le reste d'austénite résiduelle bloquée dans la bainite (appelée aussi austénite retenue) (fig. 2.15). Dans le cas des aciers Dual Phase, ils sont composés d'autant de ferrite (voir de bainite) mais l'austénite est déjà transformée lors du procédé d'élaboration en martensite.

Du fait de la faible présence d'austénite résiduelle, l'importance de la transformation de phase est moins élevée que dans le cas des aciers inoxydables sur la courbe d'écrouissage (fig. 2.2). Néanmoins, une fois de plus cette influence est réellement appréciable et nécessite un traitement particulier dans la modélisation du comportement.

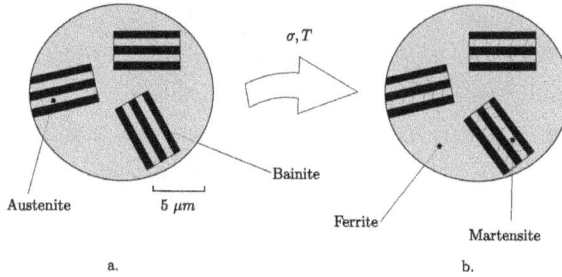

FIGURE 2.15 – *Microstructure des aciers TRiP : (a) Structure initiale (b) Structure résultant du chargement, d'après [117].*

2.4 Hypothèses d'influence de la transformation sur l'irréversibilité

Les grands axes de l'importance de la plasticité de transformation sur le comportement plastique (écrouissage) du matériau ont été présentés. Cependant, le phénomène de modification du comportement élastique a laissé supposer une irréversibilité de la variation du module d'Young. Dans de nombreux cas, on suggère que la diminution du module d'Young est relative à un phénomène de dégradation des propriétés mécaniques conduisant à un processus de rupture. Ce phénomène de dégradation est souvent introduit sous l'appellation d'endommagement. La mécanique de l'endommagement continu a vu son intérêt grandir dans les 20 dernières années [77][78][48][49]. Une manière (délibérément simplifiée) de présenter le phénomène d'endommagement (dans le cas d'une rupture ductile) est de considérer une variable scalaire D (endommagement isotrope) pour décrire la progression de la décohésion. En effet, si l'on se réfère à [78], la variable D représente le pourcentage de vides (micro-fissures) au sein du matériau (variable normée entre 0 et 1). Dans le cas où il y aurait activation de l'endommagement, la cinétique de D, i.e. $\dot{D}$, rend compte de la croissance des vides au sein du matériau. Lorsque le pourcentage de vides tend à dépasser un seuil critique, il y a rupture. Cette variable peut être reliée à la variation du module d'Young par la relation

$$D = 1 - \frac{E(\overline{\varepsilon})}{E^0} \qquad (2.13)$$

où E^0 représente le module d'Young initial (non endommagé), tandis que $E(\overline{\varepsilon})$ est le module d'Young mesuré pour un niveau de déformation fixé. Cette relation permet alors de définir l'endommagement comme facteur de la modification des propriétés élastiques. Effectivement, il s'agit d'un moyen de quantifier cette évolution mais physiquement, elle ne permet pas de rendre compte du phénomène de saturation observé dans le cas des aciers conventionnels étudiés par Morestin [91], ni de présenter un phénomène de restauration de ces propriétés. La condition principale liée à l'évolution du module d'Young est associée à l'impossibilité de refermer les micro-fissures ($\dot{D} \geqslant 0$). De cette hypothèse, il découle que le module d'Young ne peut pas être restauré, ce qui est en désaccord avec les constats expérimentaux de Morestin [91], ainsi que dans le cas de la présente étude. De plus, si $\dot{D} \geqslant 0$, il ne peut y avoir saturation qu'à la seule condition que l'état de contrainte appliqué au matériau soit nul. Pour s'en convaincre, on utilise pour la démonstration le modèle d'endommagement proposé par Lemaitre [77] ; il est ainsi possible d'écrire la cinétique de la variable d'endommagement sous la forme :

$$\dot{D} = \left(\frac{-Y}{A}\right)^{s} \dot{\overline{\varepsilon}}^{p} \qquad (2.14)$$

où A et s sont des paramètres matériau, $\overline{\varepsilon}^{p}$ est la déformation plastique équivalente. Y est appelé taux de restitution élastique et est donné par

$$Y = -\frac{\overline{\sigma}^2}{2E(1-D)^2}\left[\frac{2}{3}(1+\nu) + 3(1-2\nu)\left(\frac{tr\sigma}{3\overline{\sigma}}\right)^2\right] \qquad (2.15)$$

Il est aisé de montrer que ce terme ne peut être que négatif ou nul en l'absence de contraintes. En utilisant la relation de Clausius-Duhem dans le cas d'un milieu endommageable, il est possible d'écrire que

$$-Y\dot{D} \geqslant 0 \qquad (2.16)$$

or puisque $-Y$ est strictement positif ou nul, la cinétique de l'endommagement ne peut être que croissante ou nulle. D'après l'équation 2.14, dans le cas où le taux de déformation plastique évolue l'endommagement progresse. Il s'ensuit qu'il n'est pas possible de représenter le phénomène de saturation avec un tel modèle. Cependant, on peut voir apparaître dans l'expression 2.15 que le taux de restitution est fonction de l'état de contrainte et plus spécifiquement du taux de triaxialité χ défini par

$$\chi = \frac{tr\sigma}{3\overline{\sigma}} \qquad (2.17)$$

Le taux de triaxialité influence donc l'évolution de l'endommagement selon l'état de contrainte. Dans le cas de la transformation martensitique, il s'agit donc d'un paramètre qui peut permettre d'influencer l'évolution de la fraction de martensite.

2.4.1. La transformation de phase comme moteur de la modification des propriétés élastiques

Si une approche similaire à celle de l'endommagement (au sens de la mécanique des milieux continus introduit par Lemaitre) ne permet pas d'expliquer la cinétique du module d'Young avec l'écrouissage, un autre phénomène est peut-être sous jacent. En effet, si l'on se réfère aux propriétés mécaniques des phases constitutives des aciers TRiP et SS304, la question de l'influence de la transformation sur les propriétés élastiques est posée. De ce fait, comme la transformation de phase est irréversible (déformation de transformation irréversible), la non restauration des propriétés élastiques peut être envisagée. De plus, le phénomène de saturation peut être exprimé, soit par une transformation complète, soit par une saturation de la transformation due à l'influence de la température. Il sera donc nécessaire de prédire la modification du module d'Young en fonction de l'évolution de la transformation associée à l'écrouissage.

2.5   Etudes bibliographiques des modèles de transformation martensitique

Les principaux acteurs ayant une influence sur le comportement élasto-plastique des aciers TRiP et SS304 ont été présentés. Dans la suite, on s'intéresse aux modèles de comportement développés pour prédire la plasticité de transformation. Ces modèles seront présentés et analysés afin de démontrer les apports et les difficultés qu'ils sous-entendent.

2.5.1.   Structure des modèles représentatifs de la plasticité de transformation

Dans la suite, on présentera les modèles les plus significatifs pour décrire la plasticité de transformation et surtout la cinétique de la transformation. En suivant, la démarche utilisée par Petit-Grostabussiat [101], on peut montrer que les modèles décrivant le terme de plasticité de transformation peuvent s'écrire sous la forme intrinsèque suivante :

$$\dot{\underline{\varepsilon}}^{pt} = \varphi(\Delta V/V, \sigma_y^{aus})\varphi(z, \dot{z})\psi(\underline{\sigma}, \sigma_y) \tag{2.18}$$

où les fonctions φ, φ et ψ expriment respectivement

1. les caractéristiques relatives des phases mère (austénite) et parente (martensite),

2. la dépendance à la cinétique de transformation,

3. la dépendance à la contrainte appliquée et à la limite d'élasticité du mélange des deux phases.

Ces fonctions sont dépendantes des paramètres suivants :

1. $\Delta V/V$ défini comme étant la variation volumique entre les deux phases (accommodation),

2. σ_y^{aus} représentant la limite de la phase austénitique,

3. z représentant la proportion de martensite (ou fraction volumique),

4. $\underline{\sigma}$ étant le tenseur des contraintes macroscopiques,

5. σ_y étant la limite élastique du mélange (obtenue par une loi des mélanges généralisée).

Dans le cas de certains modèles, tel que le modèle de Stringfellow [111] basé sur des considérations phénoménologiques, les paramètres influents sont présentés mais les expressions des fonctions φ, φ et ψ sont moins appréciables. Les approches de Olson et Cohen, ainsi que celle de Fischer permettent d'exprimer l'évolution de la fraction volumique de phase. A partir de cette énumération, une conclusion quant à la possibilité d'utilisation de certains modèles pour simuler les procédés de mise en forme des structures minces sera mise en avant. On tentera alors de tenir compte des difficultés pour formuler une loi de comportement purement phénoménologique permettant de retranscrire les réponses sous sollicitations complexes des matériaux TRiP. Cette modélisation se fera dans le cadre du chapitre suivant.

2.5.2. Modèle de Greenwood-Johnson

Greenwood et Johnson en 1965 [47], expriment la déformation de transformation comme étant proportionnelle à la variation de volume (notée $\Delta V/V$) due à la transformation et à l'état de contrainte représenté par le tenseur des contraintes $\underline{\sigma}$, soit

$$\underline{\varepsilon}^{pt} = k \frac{\Delta V}{V} \frac{dev\underline{\sigma}}{\sigma_y^{aus}} \qquad (2.19)$$

où k est une constante et σ_y^{aus} la limite élastique de la phase mère, i.e. de l'austénite. Il est à noter que le tenseur des contraintes $\underline{\sigma}$ est présent par son déviateur. En effet, la déformation plastique de transformation reste par définition incompressible ($tr\underline{\varepsilon}^{pt} = 0$), et il est donc nécessaire d'introduire le déviateur. Si on s'arrête à la capacité de cette relation à décrire le phénomène de plasticité de transformation, on peut énoncer les caractéristiques suivantes :

1. Le modèle introduit une proportionnalité de la déformation de transformation totale à la valeur de la contrainte macroscopique appliquée,

2. Le modèle est considéré pour une transformation complète, i.e. indépendant de la cinétique de transformation $\dot{z}$,

3. Le modèle considère les phases parfaitement plastiques sans introduction d'un seuil de plasticité.

Néanmoins, cette relation est basée sur une approche empirique, et paraît douteuse si l'on se réfère à [38]. Cependant, selon [1], cette relation permet de rendre compte du phénomène pour des contraintes appliquées relativement faibles. En se référant à la forme générale (2.18), et par intégration (puisque par hypothèse, les contraintes appliquées sont monotones), il est possible de remonter à une équation fonction des paramètres importants de la transformation.

2.5.3. Modèle de Leblond

Leblond et al. [71][72][70] proposent une extension du modèle de Greenwood et Johnson, en introduisant un terme de corrélation avec la cinétique de transformation en prenant en compte une proportionnalité par rapport à un terme de saturation, i.e. lorsqu'il n'existe plus d'austénite. Ce modèle est fondé sur le fait qu'il n'est pas nécessairement obligatoire de postuler l'existence d'un terme de plasticité de transformation pour décrire le comportement du matériau [70]. Afin, d'introduire ce terme de manière physique, Leblond introduit trois hypothèses de travail :

1. Eviter l'introduction d'un terme de déformation plastique supplémentaire pour une nouvelle phase à l'échelle macroscopique,

2. Utiliser la théorie de l'homogénéisation de Mandel-Hill pour obtenir le comportement macroscopique,

3. Montrer que la technique d'homogénéisation, permet d'obtenir un terme de déformation plastique macroscopique, relatif à la somme d'une déformation plastique classique, et d'un terme supplémentaire proportionnel à la cinétique de transformation.

Ces trois hypothèses conduisent à la forme suivante pour le terme de plasticité de transformation

$$\underline{\dot{\varepsilon}}^{pt} = \frac{3}{8\sigma_y^{aus}} \frac{\Delta V}{V} \dot{z} ln(z) dev\underline{\sigma} \qquad (2.20)$$

Cette relation permet de considérer les deux acteurs principaux de la transformation que sont l'effet Greenwood-Johnson et l'effet Magee [71]. De plus, l'équation (2.20) est écrite sous la forme de taux de déformation, ce qui permet d'entrevoir une résolution incrémentale du problème par la suite, ce qui est souvent le cas en plasticité. Dans son modèle, Leblond introduit une autre caractéristique liée au fait que la plasticité de transformation n'induit pas de changement de volume au niveau macroscopique, d'où l'introduction du tenseur déviateur dans la relation (2.20). Par référence à l'équation intrinsèque (2.18), il vient

$$\phi = \frac{3}{8\sigma_y^{aus}} \frac{\Delta V}{V}; \quad \varphi = \dot{z} ln(z); \quad \psi = dev\underline{\sigma} \qquad (2.21)$$

Leblond a étendu ce modèle pour le cas de phases possédant un écrouissage isotrope avec une contrainte seuil [72].

2.5.4. Modèle de Olson et Cohen

Dans ce qui précéde, les auteurs se sont attachés à décrire la déformation de transformation sans pour cela donner une modélisation de la cinétique de la transformation, à savoir l'évolution de la fraction volumique de phase produite (la martensite) lors de l'écrouissage. Olson et al. [96][95] proposent un modèle théorique basé sur l'hypothèse que la transformation de phase est liée à un phénomène de cisaillement dans la phase mère (transformation displacive). L'intersection de ces bandes de cisaillement conduit à la nucléation de la martensite dans l'austénite dont la variation de volume entraîne un écoulement plastique supplémentaire. Olson et Cohen [96] proposent alors l'équation intégrée suivante

$$z = 1 - exp(-\beta(1 - exp(-\alpha\bar{\varepsilon}^n))) \qquad (2.22)$$

où α et β sont des paramètres matériaux dépendant de la température et n est un exposant constant.

Cette relation permet de retrouver les courbes de cinétique en forme de sigmoïdes relatives aux aciers inoxydables austénitiques métastables de type 304 (figure 2.13.a.). Cependant, cette relation intégrée n'est considérée que pour des processus isothermes.

2.5.5. Modèle de Stringfellow

Le modèle développé par Stringfellow et al. [111][115][116] est utilisé pour décrire le comportement des aciers inoxydables austénitiques métastables et peut être séparé en deux parties. La première est relative à la cinétique de la transformation décrivant l'évolution de la fraction volumique de martensite. Celle-ci est basée sur la modification de l'expression de la cinétique donnée par Olson et Cohen afin de prendre en compte autant l'importance de la déformation plastique et de la température mais aussi l'état de contrainte au sein du matériau. La relation proposée sous sa forme différentielle et dans le cas isotherme s'exprime selon :

$$\dot{z} = (1-z)(A\dot{\gamma}_a + B\dot{\chi}) \tag{2.23}$$

Où z représente la fraction volumique de martensite, γ_a est la déformation plastique au sein de l'austénite, $\chi = \sigma_m/\overline{\sigma}$ est le taux de triaxialité représentatif de l'état de contrainte au sein du matériau. La triaxialité est introduite afin de rendre compte de l'effet de l'état de contrainte sur la cinétique. En effet, si l'on se réfère à [116][111][69], l'effet de l'état de contrainte au sein du milieu facilite ou restreint la transformation de phase (plus la triaxialité est forte plus la transformation est favorisée)(fig. 2.13.a). Les paramètres A et B sont donnés par

$$A = \alpha\beta_0 r(1-f_{sb})(f_{sb})^{r-1}P \tag{2.24}$$

et

$$B = \frac{g^2}{\sqrt{2\pi}}\beta_0(f_{sb})^{r-1}e^{-\frac{1}{2}(\frac{g-\overline{g}}{s_g})^2}H(\dot{\chi}) \tag{2.25}$$

où α est défini comme étant un paramètre relatif à la variation d'énergie d'empilement et dépendant de la température. β et r sont associés à la forme de la structure de l'austénite. f_{sb} est la fraction volumique des bandes de cisaillement utilisée pour quantifier la déformation plastique de cisaillement. Les quantités $g, \overline{g}$ et s_g sont des paramètres relatifs à un terme probabiliste de distribution Gaussienne P des intersections de bandes de cisaillement. La quantité g est définie comme étant du point de vue de la physique, la force thermodynamique (ou force motrice) de la transformation et fonction de la température et de l'état de contrainte. La fonction P est alors définie par la forme Gaussienne suivante

$$P = \frac{1}{\sqrt{2\pi}}\int_{-\infty}^{g} e^{-\frac{1}{2}(\frac{g'-\overline{g}}{s_g})^2}dg' \tag{2.26}$$

H est la fonction d'Heaviside prenant en compte le caractère irréversible de la transformation de phase.

La seconde partie de ce modèle est relative à la description de la courbe d'écrouissage par un modèle auto-cohérent (self-consistant) afin de décrire l'effet de durcissement au cours de la déformation. Stringfellow propose une formulation de type hypoélastique isotrope i.e. une loi exprimée en taux de déformation. Il en résulte l'expression des taux de déformation plastique sous la forme

$$\underline{D}^p = \dot{z}\left\{\frac{1}{\sqrt{2}}A\underline{n} + \frac{1}{3}\frac{\Delta V}{V}\underline{1}\right\} \tag{2.27}$$

où A est un terme linéaire par rapport à la contrainte de cisaillement, $\underline{n}$ est le tenseur déviatorique unitaire coaxial à l'écoulement. Le premier terme de cette déformation est relatif à la déformation de transformation et le second terme à la variation de volume pendant la transformation. Ce modèle est le plus complet mis en oeuvre sur l'effet TRiP dans les aciers inoxydables austénitiques métastables. Cependant, il nécessite un nombre important d'expériences complexes pour déterminer les paramètres du matériau. De plus, un certain nombre de ces paramètres possèdent des valeurs arbitraires permettant d'obtenir des résultats cohérents. Ce modèle peut être considéré comme faisant partie de la famille semi-phénoménologique puisqu'il est basé sur un modèle physique théorique de la transformation (modification de la relation de Olson et Cohen), ainsi qu'une approche semi-phénoménologique de la plasticité. Ce modèle a été utilisé par Tourki et Sidhom [116] pour simuler le comportement d'aciers 304 et 316 lors de l'emboutissage d'un godet prismatique.

2.5.6. Modèle de Lani

Lani et al. [69] proposent un modèle de comportement plastique de matériaux multiphasés de type aciers à effet TRiP. Ce modèle est basé sur des considérations micromécaniques et défini à partir de la théorie de l'inclusion équivalente d'Eshelby [35][13] et utilise une technique d'homogénéisation de type champ moyen développée par Mori et Tanaka [93]. Cette approche part du fait que par connaissance du comportement des phases constitutives du matériau, il est possible par utilisation de la théorie de l'inclusion de considérer une matrice (dans le cas des aciers TRiP, la matrice est ferrito-bainitique) dans laquelle on ajoute une inclusion représentative des autres phases, i.e. les phases austénitiques et martensitiques lors de la transformation. La technique d'homogénéisation permet alors de remonter à un comportement global, i.e macroscopique dans le cadre de la théorie classique du second invariant (Théorie de la déformation J2).

Le comportement de chaque phase est décrit par une loi de Ludwik :

$$\overline{\sigma}^r = \sigma_y^r + K^r\left(\overline{\varepsilon}^{pr}\right)^{n_r} \tag{2.28}$$

où $\overline{\sigma}^r$ est la contrainte équivalente au sens de von Mises, σ_y^r la limite élastique, K^r la consistance, n_r est le coefficient d'écrouissage de la phase r et $\overline{\varepsilon}^{pr}$ la déformation plastique équivalente de cette même phase. Le processus d'homogénéisation permet alors par l'intermédiaire de la théorie de l'inclusion d'exprimer les champs de contrainte et de déformation dans le composite ainsi considéré.

Afin de décrire la cinétique de la transformation, ce modèle utilise un critère micromécanique développé par Fischer [37] confrontant une force motrice de la transformation à une barrière thermodynamique pouvant être synthétisé par

$$\underline{\sigma}^\alpha : \underline{\varepsilon}^{pt} \geq G_c \qquad (2.29)$$

$\underline{\sigma}^\alpha$ représente le tenseur des contraintes microscopiques, $\underline{\varepsilon}^{pt}$ est la déformation de transformation microscopique, et G_c est la barrière thermodynamique de la transformation. La relation 2.29 peut être interprétée comme une équation de bilan en considérant le fait que le travail des contraintes locales permet l'activation de la transition de phase s'il est supérieur à la barrière thermodynamique.

Ce modèle est donc caractérisé par le comportement élasto-plastique des phases ferrito-bainitique et austénitique et par l'apparition d'une phase élastique (la martensite) au cours de la transformation.

2.5.7. Réflexions

Les modèles présentés ci-dessus ne sont pas exhaustifs, mais possèdent les caractéristiques principales des approches susceptibles d'être employées spécifiquement pour la simulation du comportement des aciers inoxydables métastables et des aciers TRiP. Ces modèles ont la capacité de prendre en compte un grand nombre de phénomènes mais à partir de considérations microscopiques ou semi-phénoménologiques entraînant la caractérisation de paramètres physiques liés à la thermodynamique du processus et/ou à l'introduction de termes très difficiles à corréler. Dans le cas de l'étude des procédés de mise en forme, il est nécessaire d'inclure d'autres considérations dans la modélisation du comportement.

2.6 Considérations à prendre en compte dans le cadre des procédés de mise en forme

2.6.1. Anisotropie des tôles et des tubes

Dans le cas de la simulation de l'emboutissage classique et par assistance hydraulique [68] (aquadraw formage), il est nécessaire de prendre en compte l'anisotropie induite par son procédé d'obtention [113], le procédé de laminage dans la majeure partie des cas [49][7]. En effet, le procédé de laminage influence directement l'orientation matérielle amenant à privilégier l'axe de laminage comme étant un des axes principaux dans le repère d'anisotropie. Ce phénomène est à prendre en compte dès lors que l'anisotropie matérielle influe sur le comportement pendant le processus d'obtention. Ce constat n'est pas valable lorsque la tôle subie un traitement thermique permettant de réordonner la structure du matériau ; la tôle retrouve alors un comportement isotrope. Dans le cas des aciers étudiés, le procédé d'obtention des tôles n'est pas suivi d'un traitement d'homogénéisation et elles présentent une forte anisotropie initiale.

FIGURE 2.16 – *Emboutissage de godets cylindriques exhibant des cornes dues à l'anisotropie matérielle, d'après [61].*

La figure 2.16 représente par exemple l'emboutissage de godets cylindriques, avec apparition de cornes d'emboutissage associées au procédé et révélatrice de l'anisotropie initiale des tôles laminées.

Pour les procédés d'hydroformage de tubes, la notion d'anisotropie est moins connue, mais les procédés d'obtention des tubes par roulage puis soudage ou par étirage ont également une importance certaine sur les procédés [118]. Dans la suite, il sera préconisé de modéliser cette anisotropie induite par le procédé d'obtention.

2.6.2. Prise en compte du chemin de déformation - Influence sur le retour élastique

Lors du procédé d'emboutissage, la tôle subie de fortes contraintes liées à la géométrie de la pièce désirée et le chemin de déformation engendré localement n'est pas monotone. En effet, si l'on se réfère à la figure 2.17, chaque point matériel est sollicité lors du procédé, de diverses manières selon sa position. Il a été montré que dans le cas où la tôle subie des chemins de déformation non monotones au cours du procédé, la seule utilisation d'un critère de plasticité avec l'utilisation d'une loi d'écrouissage est insuffisante [22][23][39]. Ces considérations prennent encore plus de sens dans le cas de l'étude du retour élastique.

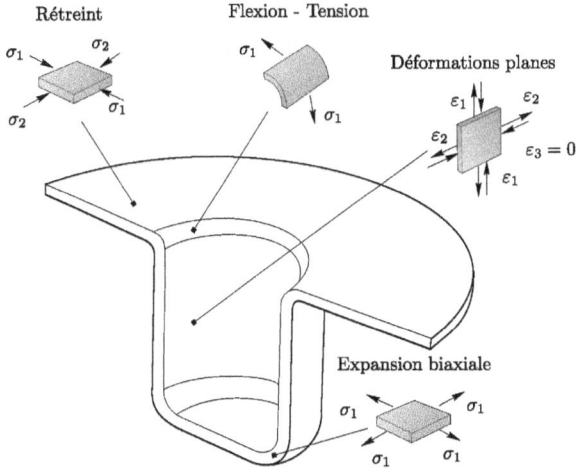

FIGURE 2.17 – *Etat de contraintes subies par le flan pendant un procédé d'emboutissage avec assistance hydraulique.*

2.6.3. Le retour élastique et la modélisation des modifications élastiques

Dans cette partie, on s'attache à présenter le phénomène de retour élastique. Ce processus de modification de la pièce après retrait des outillages est encore très largement étudié du fait de sa réelle influence sur la géométrie des composants obtenus par les procédés conventionnels de mise en forme des structures minces.

Le retour élastique peut être décrit comme une modification de la géométrie, non désirée, après le procédé de mise en forme, dès lors que l'on retire la pièce des outillages. Du point de vue mécanique, le retour élastique caractérise le relâchement des contraintes internes après relâchement des efforts imposés par l'outillage. Le relâchement de ces contraintes internes induit une profonde modification des contraintes dans l'épaisseur qui perdurent alors sous la forme de contraintes résiduelles. Le retour élastique peut alors être caractérisé par une ouverture prononcée de la géométrie des pièces, une modification de la courbure de la pièce pouvant se traduire par un gauchissement de la géométrie (figure 2.18). Il est clair que ce phénomène est rarement désiré par le concepteur et doit dès lors être pris en compte pendant la phase de conception de l'outillage. Dans la suite, il sera ainsi nécessaire d'introduire l'effet de la non-monotonie de l'état de déformation par l'intermédiaire de l'introduction d'un écrouissage cinématique [43][57] pour prédire plus précisément le retour élastique. De plus si l'on se réfère à [57][113][99][91], on peut énoncer les paramètres ayant une influence importante sur le retour élas-

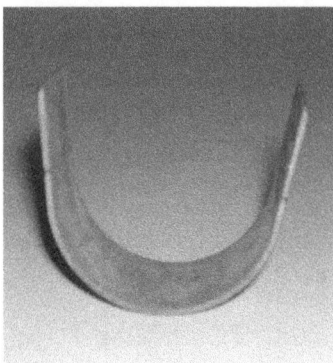

FIGURE 2.18 – *Pièce obtenue après retour élastique selon les caractéristiques*
du benchmark Numisheet 2002 [119] sur un acier TRiP700.

tique. Il a été montré que parmi ces paramètres, le rapport entre limite d'élasticité et module d'élasticité donnait lieu à une très grande influence sur ce phénomène. Or la limite d'élasticité augmente au cours de l'écrouissage et cela en rapport avec le comportement du matériau considéré. De plus, comme il a été montré précédemment, les aciers considérés voient leur module d'Young diminuer avec l'écrouissage. Dans le cas de cette étude, il est donc nécessaire de prendre en compte le comportement particulier de ces aciers ainsi que de la modification des propriétés élastiques résultant du procédé de mise en forme.

2.6.4. Modélisation des modifications structurales : les défauts de procédés

La simulation des procédés de mise en forme est à l'heure actuelle arrivée à maturité. Cependant un grand nombre de phénomènes sont encore à l'étude comme la striction, le plissement et l'éclatement [76] ou encore l'endommagement menant à la rupture des composants [49].

La figure 2.19 représente un godet prismatique obtenu par emboutissage, on peut y noter l'apparition de plis et une rupture du flan. Dans le cas d'une étude complète, la modélisation de tous ces phénomènes amène à des temps très coûteux si l'on cumule les phases d'identification, d'implantation numérique et de simulations, ce qui entraîne encore certaines réticences de la part des utilisateurs.

De plus, comme il en a été fait état précédemment, les phénomènes de variation des propriétés élastiques associés à l'écrouissage ne sont pas pris en compte dans les modèles énumérés pour des raisons qui peuvent paraître évidentes. En effet, les modèles proposés sont le fait de spécialistes de la compréhension du comportement mécanique des matériaux. Dans le cadre de l'équipe modélisation et mise en forme, le point de vue est différent puisqu'elle à s'attache à modéliser et simuler le comportement

FIGURE 2.19 – *Apparition de plis et d'une rupture d'un godet prismatique*
pendant le procédé d'emboutissage [76].

des composants en mise en forme. Or, si l'on se réfère encore une fois à [91][92], l'influence du module d'élasticité est très importante vis à vis notamment du retour élastique.

2.7 Influence des procédés de fabrication sur le comportement en service des composants

Au cours des cinquante dernières années, les approches scientifiques dans le domaine de la mécanique sont vastes et variées, et l'on peut considérer que certains domaines sont encore assez cloisonnés, i.e. que l'on ne relie pas certaines théories entre elles pour obtenir des théories plus intéressantes. Cependant, les vingt dernières années ont démontré toute l'influence de l'industrie pour atteindre cet objectif. En effet, avec l'aboutissement de l'ère informatique, certains domaines scientifiques et technologiques tendent à se rejoindre. Dans le cas de l'industrie automobile, le cahier des charges est si vaste que les difficultés croissent avec le temps. Pour donner un exemple fil rouge, prenons le cas des organes de sécurité développés dans les structures automobiles. Si l'on compare une automobile d'une vingtaine d'années à son équivalent dans la gamme d'aujourd'hui, de grands changements ont été effectués. Premièrement, des considérations écologiques conduisent à diminuer le poids intrinsèque des véhicules pour limiter leur consommation, et cela en relation avec les accords de Kyoto.

Néanmoins, l'apparition de critères liés à la sécurité des passagers de ces mêmes véhicules mène à d'autres difficultés associées à l'augmentation du nombre de composants actifs, i.e. les airbags, les contrôleurs électroniques de trajectoire ou autres assistances à la conduite. De plus, afin de conserver l'intégrité des passagers, des organes de sécurité dits passifs sont introduits pour absorber les chocs lors d'éventuels accidents. Toutes ces considérations conduisent à augmenter le poids de la structure et donc la consommation d'essence.

L'industrie automobile tend donc à essayer de diminuer la consommation tout en augmentant la rigidité et la sécurité de leurs produits. Pour cela, les métallurgistes ont développé des matériaux permettant d'obtenir des structures plus légères mais tout aussi rigides qu'auparavant, et dans le cas de l'automobile, ces matériaux sont des aciers à haute limite d'élasticité ou des alliages d'aluminium au manganèse (Al-Mn). Cependant, d'autres problèmes interviennent alors dans les procédés de fabrication et notamment en mise en forme, au moment de l'assemblage ou encore en ce qui concerne le comportement en service des véhicules. Or si l'on se réfère à [5], l'emploi de matériaux à haute limite d'élasticité dépend du composant. Mais dans le cas des organes acteurs de rigidité ou d'absorption de chocs, les aciers TRiP, DP et SS304 sont préconisés.

Néanmoins, l'utilisation de ces matériaux doit s'effectuer à partir de considérations abouties, puisque du fait de leur élaboration, ces aciers sont onéreux et font encore l'objet de nombreuses études de la part des industriels et scientifiques. Dans la suite de cette thèse, on présente, dans un premier temps, les effets de l'influence des procédés de mise en forme sur le comportement au crash, pour des structures simples ou complexes. Puis dans le cadre du chapitre relatif à l'influence des procédés sur le comportement après formage, on tentera de montrer l'influence de l'écrouissage pendant la mise en forme, dans le cadre d'une étude dynamique (extraction modale), du retour élastique et du crash.

2.7.1. Influence sur le comportement au crash

S'il est un domaine de la mécanique qui est médiatique, c'est entre autre celui de l'industrie automobile, et en particulier celui de la simulation du crash. Avec l'utilisation de moyens informatiques modernes et des logiciels de simulations associés, les industriels se dirigent vers à la simulation complète ou partielle de leurs véhicules pour prédire le comportement au crash selon les essais préconisés par l'EuroNCAP. Dans le cas où un véhicule possède un critère élevé de viabilité (représenté par un nombre d'étoiles dont le maximum est de cinq), il sera considéré comme possédant les caractéristiques optimales vis à vis de la sécurité des passagers, c'est à l'heure actuelle un des plus importants arguments de vente. Cependant, pour diminuer le prix de revient des véhicules, il est nécessaire de limiter le nombre d'essais physiques menat à accroître l'utilisation des outils de simulation numérique.

Néanmoins, le simple fait (tout est relatif) de simuler la structure en considérant l'assemblage des composants à cotes nominales (sans tenir compte du procédé de fabrication) ne permet pas d'obtenir des résultats viables [60]. Si l'on se réfère à la figure 2.20, le procédé de fabrication induit de grandes modi-

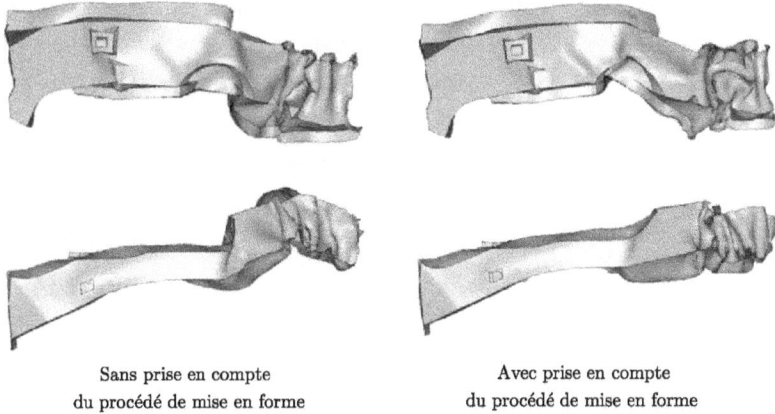

Sans prise en compte
du procédé de mise en forme

Avec prise en compte
du procédé de mise en forme

FIGURE 2.20 – *Influence de la prise en compte du procédé de mise en forme
sur un crash frontal d'un longeron automobile [60].*

fications lors de l'écrasement, le choc ou l'impact. En effet, sur cette figure on voit que pour des conditions de simulations identiques, les pièces nominales et après mise en forme possèdent une déformée bien différente. Il est donc nécessaire de prendre en compte l'effet du formage et de l'assemblage avant simulation du comportement à l'écrasement. Dans la suite, une étude sera ainsi conduite pour cerner l'influence du modèle de comportement développé sur le comportement après la phase d'élaboration.

2.8 Nécessité de développer un modèle de comportement adapté à la simulation de structures complexes

Comme il en a été fait état, la majeure partie des développements dédiés à la modélisation des aciers à effet TRiP ont été menés par des spécialistes de la physique et de la mécanique des matériaux. De ce point de vue, ces modèles n'ont pas été pensés pour prédire le comportement dans le cadre de simulations éléments finis des processus de mise en forme ou dans le cadre de la simulation du crash de structures complexes. On proposera dans la suite de rendre compte du phénomène TRiP et de son influence sur les composants dans le cadre d'un modèle de comportement purement phénoménologique basé sur la thermodynamique des processus irréversibles.

3 Perspectives

Dans ce chapitre, on a précisé les éléments phénoménologiques essentiels relatifs au comportement des aciers TRiP et SS, et les bases des modélisations associées, avec notamment les aspects pouvant être adaptés pour la simulation des procédés de mise en forme des structures minces. Le chapitre suivant aborde de façon plus détaillée la modélisation des aciers à transformation, avec le souci de développer des modèles applicables au cas des procédés de mise en forme, et implantables dans les logiciels de simulation par éléments finis, afin de rendre compte quantitativement de façon locale et globale, des effets essentiels engendrés par les mécanismes de transformation de phase et les modifications en résultant au niveau du comportement structural et à la rupture.

Chapitre 3

Modélisation phénoménologique des aciers à transformation

1 Motivations

Dans le chapitre précédent, les constats expérimentaux ont été exposés. Les différentes conséquences spécifiques de la transformation de phase sur le comportement élastique et plastique des aciers TRiP et des aciers inoxydables austénitiques ont été énumérées. Afin de représenter et modéliser toutes ces particularités, on propose une démarche de modélisation des phénomènes influant lors des procédés de formage ainsi que leur impact sur le comportement des composants obtenus. Le modèle présenté s'inscrit dans le cadre de la thermodynamique des processus irréversibles à variables internes [51] et suit la démarche entreprise par Boubakar [15].

2 Modélisation phénoménologique à variables internes

La modélisation des lois de comportement dans le cadre de la thermodynamique nécessite l'utilisation rigoureuse d'une démarche découlant du rapprochement de la mécanique et de la thermodynamique. Comme il le décrit, Coirier [25][26], dans son excellent ouvrage, celui-ci fait état que *ces deux disciplines ne peuvent en ces temps vivre séparées*. Dès lors on se doit de présenter les principes de la thermodynamique avec les objectifs d'un mécanicien. Dans la suite, on présente la démarche du mécanicien allant de la loi fondamentale de la dynamique des milieux continus pour remonter vers l'expression du théorème de l'énergie cinétique permettant en étroite collaboration avec le premier principe de la thermodynamique, d'obtenir le bilan d'énergie interne. La notion de dissipation sera alors introduite par utilisation du second principe pour finalement exprimer les équations de comportement des matériaux solides [78], et plus particulièrement sur la formulation d'un cadre constitutif pour les matériaux à transformations de phases, i.e. les aciers inoxydables austénitiques et les aciers TRiP, basés sur le concept de matériaux standards généralisés introduit par Halphen et N'Guyen [51].

2.1 Loi fondamentale de la dynamique

S'il est un point de départ à la mécanique des milieux continus, l'introduction de la notion de contraintes dans la loi fondamentale de la dynamique (ou théorème de la conservation de la quantité de mouvement, dans le cas où l'on prend pour référence le principe des puissances virtuelles) en est bien un. En effet, cette introduction permet de généraliser les relations émises pour les solides indéformables et pouvoir appliquer l'équation de conservation de la quantité de mouvement aux matériaux déformables (solides ou fluides). Il faut alors énoncer cette loi de bilan de quantité de mouvement, afin de donner l'expression des deux principes de la thermodynamique avec les yeux du mécanicien.

2.1.1. Forme intégrale

Une forme intégrale licite pour l'énoncé de la loi de conservation de la quantité de mouvement, pour un milieu continu, peut être donnée sous la forme [25] :

$$\int_{\Omega_t} \rho \, \vec{\gamma} \, d\Omega = \oint_{\Gamma_t} \underline{\sigma} \, \vec{n} \, d\Gamma + \int_{\Omega_t} \rho \vec{f} \, d\Omega \tag{3.1}$$

où ρ est la masse volumique constitutive du domaine matériel $\mathscr{D}$ étudié, $\vec{\gamma}$ et $\vec{f}$ sont respectivement l'accélération et les forces de volume appliquées sur le milieu, $\vec{n}$ la normale sortante à la frontière $\Gamma = \partial \Omega$ du domaine physique considéré.

La forme locale de l'équation (3.1) permettra d'exprimer par la suite la relation dite de *conservation de la quantité de mouvement* ainsi que les conditions aux limites naturelles associées au problème mécanique. Par utilisation du principe des travaux virtuels (ou puissances virtuelles), le numéricien pourra ainsi résoudre son problème par la méthode de son choix et bien souvent le mécanicien choisira la méthode des éléments finis. Une deuxième utilisation de l'équation de conservation de la quantité de mouvement est relative à l'établissement du théorème de l'énergie cinétique qui sera par la suite utilisé en collaboration avec le premier principe de la thermodynamique pour établir le bilan d'énergie interne.

2.1.2. Forme locale

En utilisant le théorème d'Ostrogradski, il vient

$$\oint_{\Gamma_t} \underline{\sigma} \, \vec{n} \, d\Gamma = \int_{\Omega_t} \overrightarrow{div \underline{\sigma}} \, d\Omega \tag{3.2}$$

L'équation (3.1), devient

$$\int_{\Omega_t} (\rho\,\vec{\gamma} - \rho\,\vec{f} - \overrightarrow{div\underline{\sigma}})d\Omega = \vec{0} \tag{3.3}$$

La relation (3.3) est licite quelque soit le domaine matériel $\mathcal{D}$ considéré. Il en résulte alors la forme locale de l'équation (3.1)

$$\overrightarrow{div\underline{\sigma}} + \rho\,\vec{f} = \rho\,\vec{\gamma} \tag{3.4}$$

Il est à noter que la forme locale de la loi de bilan de moment de quantité de mouvement permet en l'absence de moments répartis de montrer la symétrie du tenseur des contraintes de Cauchy $\underline{\sigma}$. Pour résoudre le problème mécanique, il est nécessaire d'introduire les conditions aux limites naturelles définies par

$$\begin{cases} \underline{\sigma}.\vec{n} = \vec{t} & \text{sur } \Gamma_t \\ u = \overline{u} & \text{sur } \Gamma_u \end{cases} \tag{3.5}$$

2.1.3. Théorème de la quantité de mouvement

La relation (3.4) peut être réécrite par introduction du champ des vitesses $\vec{V}$, soit

$$\overrightarrow{div\underline{\sigma}} + \rho\,\vec{f} = \rho\frac{D\vec{V}}{Dt} \tag{3.6}$$

Où $D(\bullet)/Dt$ représente la dérivée particulaire de $(\bullet)$ dont diverses expressions peuvent être utilisées et données dans [25][26]. Par multiplication scalaire du champ des vitesses $\vec{V}$, il vient

$$\frac{1}{2}\rho\frac{D\vec{V}^2}{Dt} = \vec{V}.\overrightarrow{div\underline{\sigma}} + \rho\,\vec{f}.\vec{V} \tag{3.7}$$

Après utilisation de plusieurs résultats d'analyse tensorielle et intégration sur le domaine matériel Ω_t, il en résulte le théorème de la quantité de mouvement (en description eulérienne), soit

$$\underbrace{\frac{D}{Dt}\int_{\Omega_t}\frac{1}{2}\rho\vec{V}^2 d\Omega}_{\text{Taux de variation de l'énergie cinétique}} = \underbrace{-\int_{\Omega_t}\underline{\sigma}:\underline{D}d\Omega}_{\text{Puissance des efforts intérieurs }\mathscr{P}_i} + \underbrace{\oint_{\Gamma_t}\vec{t}.\vec{V}\,d\Gamma + \int_{\Omega_t}\rho\,\vec{f}.\vec{V}\,d\Omega}_{\text{Puissance des efforts extérieurs }\mathscr{P}_e} \tag{3.8}$$

Où $\underline{D} = \nabla^s\vec{V}$ est le tenseur taux de déformation. Cette relation peut être ramenée à

$$\frac{DK}{Dt} = \mathscr{P}_i + \mathscr{P}_e \tag{3.9}$$

On peut alors énoncer le théorème suivant

Theoreme 1 *La dérivée particulaire à l'instant t de l'énergie cinétique associée à un domaine Ω est égale à la somme des puissances des efforts extérieurs et des efforts intérieurs.*

Il est à noter que ce résultat peut être obtenu par utilisation du principe des puissances virtuelles en choisissant comme champ des vitesses virtuelles, le champ des vitesses réelles. Cet énoncé amène deux constats importants sur lesquels il faut s'arrêter. Tout d'abord par le biais de la puissance des efforts intérieurs, on montre clairement la dualité profonde existant entre le champ des contraintes et le champ des déformations (ou plutôt des taux de déformations), dont il sera fait état tout au long de la modélisation thermodynamique et ceci dans l'étude de la dissipation (énergie dissipée). Deuxièmement, l'énoncé du théorème de la quantité de mouvement permet de voir l'idée sous-jacente qui naît dans l'esprit du mécanicien de rapprocher les équations de la mécanique à celle de la thermodynamique par le biais d'un bilan énergétique relatif au premier principe. Ce bilan d'énergie permet alors de formuler des modèles de comportement respectant les limites physiques de la thermodynamique.

2.2   Premier principe de la thermodynamique : conservation de l'énergie

2.2.1. Enoncé

Comme il en a été fait état précédemment, l'idée sous-jacente du mécanicien est de rapprocher la mécanique et la thermodynamique par le biais d'un bilan d'énergie postulé grâce au premier principe et qui s'énonce sous la forme :

Theoreme 2 *Pour tout domaine matériel Ω inclus dans un système matériel $\mathcal{E}$, la dérivée particulaire de l'énergie associée à Ω est égale, à chaque instant, à la somme de la puissance des efforts extérieurs s'exerçant sur Ω et du taux de chaleur reçue par Ω.*

Cet énoncé nécessite l'introduction de nouvelles grandeurs. Dans un premier temps, l'énergie associée à Ω est la somme de son énergie cinétique K et de son énergie interne E dont on postule l'existence d'une densité massique e appelée énergie interne spécifique. Si on note Q le taux de chaleur reçue, le premier principe de la thermodynamique peut s'écrire sous la forme :

$$\frac{D}{Dt}(E + K) = \mathscr{P}_e + Q \tag{3.10}$$

En se basant sur l'expérience, l'expression de Q est postulée à priori sous la même forme que l'expression de la puissance des efforts extérieurs, i.e sous la forme de termes dus au contact à travers la surface Γ (diffusion) et des sources à distance, soit en description eulérienne, il vient

$$Q = \oint_{\Gamma} \vec{q} \cdot \vec{n}\, d\Gamma + \int_{\Omega} r\, d\Omega \tag{3.11}$$

2.2.2. Forme intégrale du premier principe

Le premier principe peut alors s'écrire sous la forme intégrale suivante

$$\underbrace{\frac{D}{Dt}\int_{\Omega}\rho(e+\frac{1}{2}\vec{V}^2)d\Omega}_{\text{Taux de variation}} = \underbrace{\oint_{\Gamma}\vec{t}.\vec{V}\,d\Gamma + \oint_{\Gamma}\vec{q}.\vec{n}\,d\Gamma}_{\text{Echanges}} + \underbrace{\int_{\Omega}\rho\vec{f}.\vec{V}\,d\Omega + \int_{\Omega}r\,d\Omega}_{\text{Sources}} \qquad (3.12)$$

En se référant à [25], l'équation ci-dessus est la forme d'une loi de bilan.

2.2.3. Forme locale du premier principe

Plusieurs formes locales peuvent être énoncées, cependant, on retiendra la plus synthétique en description eulérienne, soit

$$\rho\frac{D}{Dt}(e+\frac{1}{2}\vec{V}^2) = div(\underline{\sigma}\vec{V} - \vec{q}) + \rho\vec{f}.\vec{V} + r \qquad (3.13)$$

2.3 Bilan d'énergie interne

Dans le cas de l'étude de la mécanique des matériaux solides, le premier principe n'est pas employé tel qu'il a été défini par la relation (3.10). En effet, l'expression du bilan d'énergie interne et de la notion d'énergie de déformation permettra d'exprimer les lois de comportement avec la notion de dissipation introduite par le second principe. Pour cela on utilise, l'expression de l'énergie cinétique définie par la relation (3.9) ainsi que la définition du premier principe i.e. la relation (3.10), il vient

$$\frac{DE}{Dt} = \mathscr{P}_i + Q \qquad (3.14)$$

On retrouve une fois de plus une équation de bilan, et la complémentarité qu'il existe entre énergie interne et énergie cinétique. Il en résulte la forme locale suivante, en description eulérienne :

$$\rho\frac{De}{Dt} = \underline{\sigma}:\underline{D} - div\,\vec{q} + r \qquad (3.15)$$

2.3.1. Réflexions

Si le premier principe traduit une équivalence de la chaleur et du travail en tant que modes de transfert d'énergie, leur transformation mutuelle ne possède pas ce même principe d'équivalence. Il est en effet impossible de transformer en totalité la chaleur en travail, sans que cette transformation ne soit accompagnée d'une autre transformation, mais rien ne limite la transformation de travail en chaleur. Une autre dissymétrie résultant de ce constat vient du fait que la chaleur ne passe jamais de manière spontanée d'un corps froid vers un corps chaud. C'est grâce au second principe que l'on peut prévoir le sens des évolutions des systèmes matériels en introduisant la notion de dissipation employée par le mécanicien des matériaux.

2.4 Second principe de la thermodynamique : Bilan d'entropie

Si l'on se réfère à [25][26][78], l'énoncé du second principe de la thermodynamique associé à des systèmes matériels qui ne sont soumis qu'à des actions mécaniques et thermiques s'écrit sous la forme suivante :

Pour tout domaine matériel $\mathscr{D}$ inclus dans un système matériel $\mathscr{E}$, la dérivée particulaire de l'entropie associée à $\mathscr{D}$ est à chaque instant supérieure ou égale à son taux d'apport extérieur.

L'énoncé donne

$$\frac{DS}{Dt} \geqslant \Gamma_e \tag{3.16}$$

où Γ^e est le taux d'apport extérieur d'entropie associée à $\mathscr{D}_t$, son expression est donnée par

$$\Gamma^e = \oint_{\mathscr{S}_t} \frac{\vec{q}.\vec{n}}{T} dS + \int_{\mathscr{D}_t} \frac{r}{T} dV \tag{3.17}$$

Le second principe postule donc l'existence de deux nouvelles grandeurs : l'entropie S (de densité massique s) et la température absolue T (qui est une fonction positive). Le second principe s'énonce alors sous la forme :

$$\frac{D}{Dt} \int_\Omega \rho s dV \geqslant \oint_{\mathscr{S}_t} \frac{\vec{q}.\vec{n}}{T} dS + \int_{\mathscr{D}_t} \frac{r}{T} dV \tag{3.18}$$

Cette relation est souvent réécrite sous la forme d'une équation de bilan, il vient

$$\underbrace{\frac{D}{Dt} \int_\Omega \rho s dV}_{\text{Taux de variation}} = \underbrace{\oint_{\mathscr{S}_t} \frac{\vec{q}.\vec{n}}{T} dS}_{\text{Echanges}} + \underbrace{\int_{\mathscr{D}_t} \frac{r}{T} dV}_{\text{Sources}} + \Gamma \tag{3.19}$$

avec $\Gamma = \frac{DS}{Dt} - \Gamma_e \geqslant 0$ appelé taux de production interne d'entropie.

2.4.1. Forme locale du second principe

Une des formes locales du second principe peut s'écrire selon la relation suivante

$$\rho \frac{Ds}{Dt} \geqslant -div\left(\frac{\vec{q}}{T}\right) + \frac{r}{T} \tag{3.20}$$

En utilisant un résultat d'analyse, le terme de divergence peut être transformé sous la forme :

$$div\left(\frac{\vec{q}}{T}\right) = \frac{1}{T} div\vec{q} - \vec{q}.\vec{\nabla}\left(\frac{1}{T}\right) = \frac{1}{T} div\vec{q} - \frac{\vec{q}}{T^2}.\vec{\nabla T} \tag{3.21}$$

La température absolue T ayant été postulée comme étant une grandeur positive, l'énoncé du second principe devient

$$\rho T \frac{Ds}{Dt} \geqslant -div\vec{q} + r + \frac{1}{T}\vec{q}.\vec{\nabla T} \tag{3.22}$$

Le terme $r - div\,\vec{q}$ est le taux de chaleur reçue par $\mathscr{D}$, intervenant dans la forme locale du bilan d'énergie interne (3.15), il vient donc :

$$\underline{\sigma}:\underline{D} - \rho\left(\frac{De}{Dt} - T\frac{Ds}{Dt}\right) - \frac{\vec{q}.\vec{\nabla T}}{T} \geqslant 0 \tag{3.23}$$

Par introduction de l'énergie libre spécifique par unité de masse de Helmoltz ψ définie par $\psi = e - Ts$, il en résulte la relation dite de Clausius-Duhem :

$$\underline{\sigma}:\underline{\dot{\varepsilon}} - \rho\left(\frac{D\psi}{Dt} + s\frac{DT}{Dt}\right) - \frac{\vec{q}.\vec{\nabla T}}{T} \geqslant 0 \tag{3.24}$$

Cette relation joue un rôle majeur dans l'étude des lois de comportement puisqu'elle est très générale-ment utilisée comme forme locale de la thermodynamique dans l'étude de la thermo-mécanique des milieux continus [25][26].

2.5   Dissipation intrinsèque et thermique

La relation (3.24) est reliée à la notion de production d'entropie ou de perte d'énergie du système étudié. En physique et bien entendue en mécanique, cette notion de perte d'énergie est régulièrement appelée dissipation (notée φ), il en résulte donc que la relation de Clausius-Duhem traduit la dissipation du système.

2.5.1.   Processus non dissipatif

Un processus non dissipatif est un processus pour lequel la dissipation est supposée nulle ou négli-geable, du point de vue mathématique cela se traduit par le fait que l'inégalité de Clausius-Duhem se réduit à une égalité (la production d'entropie est nulle ou pas de perte d'énergie).

2.5.2.   Dissipation thermique et dissipation intrinsèque

Il est fréquent de partitionner, sans pour cela en modifier l'aspect général, la dissipation φ en deux par-ties. la première partition est appelée dissipation intrinsèque φ_1 (ou dissipation intrinsèque volumique) et la seconde introduite comme la dissipation thermique (ou dissipation thermique volumique) φ_2. On a alors par définition, $\varphi = \varphi_1 + \varphi_2$.

La dissipation thermique est donnée par

$$\varphi_2 = -\frac{\vec{q}.\vec{\nabla T}}{T} \tag{3.25}$$

Deux classes d'évolutions peuvent être alors énoncées pour lesquelles la dissipation thermique volu-mique est nulle :

- Les évolutions adiabatiques pour lesquelles le flux de chaleur est nul,
- Les évolutions isothermes pour lesquelles la température est constante en temps et en espace dans le milieu étudié.

La dissipation intrinsèque $\mathscr{D}_i$ est alors donnée par la relation

$$\mathscr{D}_i := \varphi_1 = \underline{\sigma} : \underline{\dot{\varepsilon}} - \rho \left(\frac{d\psi}{dt} + s \frac{\mathrm{DT}}{dt} \right) \geqslant 0 \tag{3.26}$$

Dans le cas d'un processus isotherme, cette équation se résume à la relation dite de Clausius-Duhem réduite, soit

$$\mathscr{D}_i = \underline{\sigma} : \underline{\dot{\varepsilon}} - \rho \frac{d\psi}{dt} \geqslant 0 \tag{3.27}$$

Cette relation permet de construire une forme de lois de comportement permettant de respecter des limites physiques et dans notre cas il s'agit des principes de la thermodynamique des processus irréversibles [15][51].

2.6 Partitionnement de l'énergie libre spécifique d'Helmoltz

Dans les paragraphes précédents, les relations obtenues sont restées très générales, Il reste alors à définir des formes de lois permettant de caractériser le comportement recherché.

Hypothèse 1 : Définition des variables internes nécessaires à la modélisation

Dans le cas des matériaux TRIP, on fait l'hypothèse que le matériau possède un comportement élasto-plastique classique (ou élasto-viscoplastique) et une plasticité de transformation dépendante de l'évolution de la fraction de phase produite (dans le cas de la transformation martensitique, il s'agit de la martensite). De ces hypothèses, on donne un caractère toujours aussi général à la forme de l'énergie libre spécifique d'Helmoltz mais en précisant les variables dont elle dépend, il vient alors :

$$\psi = \psi \left(\underline{\varepsilon}^e, \underline{\alpha}_k, p_j, z, \mathrm{T} \right) \tag{3.28}$$

Où $\underline{\alpha}_k$ est la k-ième variable interne tensorielle pouvant être associée à l'écrouissage cinématique et/ou l'endommagement anisotrope (ou autres phénomènes envisagés : restauration ...), p_j est la j-ième variable interne scalaire pouvant être associée à l'écrouissage isotrope et/ou l'endommagement isotrope (ou autres), z est la fraction de phase produite (martensite) et $\underline{\varepsilon}^e$ représente la partie élastique du tenseur des déformations et T représente la température.

Hypothèse 2 : Additivité des déformations

On fait ici l'hypothèse de l'additivité des déformations (ou des taux de déformations), qui se traduit par :

$$\underline{\dot{\varepsilon}} = \underline{\dot{\varepsilon}}^e + \underline{\dot{\varepsilon}}^p \tag{3.29}$$

Dans le cas particulier des aciers TRiP, on décompose généralement $\underline{\dot{\varepsilon}}^p$ sous la forme $\underline{\varepsilon}^p = \underline{\varepsilon}^{pc} + \underline{\varepsilon}^{pt}$ (plasticité classique et plasticité de transformation). Il vient alors par introduction de (3.28) et de (3.29) dans (3.27) et par dérivation en chaîne

$$\mathscr{D}_i = \underbrace{\left(\underline{\sigma} - \rho\frac{\partial\psi}{\partial\underline{\varepsilon}^e}\right) : \underline{\dot{\varepsilon}}^e}_{\text{Elasticité}} + \underbrace{\underline{\sigma} : \underline{\dot{\varepsilon}}^p - \rho\frac{\partial\psi}{\partial\underline{\alpha}_k} : \underline{\dot{\alpha}}_k - \rho\frac{\partial\psi}{\partial p_j}\dot{p}_j +}_{\text{Plasticité classique}} \quad \underbrace{-\rho\frac{\partial\psi}{\partial z}\dot{z}}_{\text{Plasticité de transformation}} \quad \geqslant 0 \tag{3.30}$$

A partir de cette formulation très générale, il est possible de partitionner l'énergie libre spécifique en une partie relative à l'énergie de déformation élastique ψ^e et une partie inélastique ψ^{in}, soit :

$$\psi = \psi^e\left(\underline{\varepsilon}^e, z, T\right) + \psi^{in}\left(\underline{\varepsilon}^p, \underline{\alpha}_k, p_j, z, T\right) \tag{3.31}$$

La relation (3.30) s'écrit alors sous la forme :

$$\mathscr{D}_i = \left(\underline{\sigma} - \rho\frac{\partial\psi^e}{\partial\underline{\varepsilon}^e}\right) : \underline{\dot{\varepsilon}}^e + \underline{\sigma} : \underline{\dot{\varepsilon}}^p - \rho\frac{\partial\psi^{in}}{\partial\underline{\alpha}_k} : \underline{\dot{\alpha}}_k - \rho\frac{\partial\psi^{in}}{\partial p_j}\dot{p}_j - \rho\frac{\partial\psi^{in}}{\partial z}\dot{z} \geqslant 0 \tag{3.32}$$

2.7 Loi d'état

Faisant l'hypothèse d'une transformation élastique qui par définition est réversible, la dissipation intrinsèque est strictement nulle et donnée par

$$\left(\underline{\sigma} - \rho\frac{\partial\psi^e}{\partial\underline{\varepsilon}^e}\right) : \underline{\dot{\varepsilon}}^e = 0 \tag{3.33}$$

Cette relation étant vraie quelque soit le taux de déformation élastique $\left(\forall\underline{\dot{\varepsilon}}^e\right)$, on obtient alors :

$$\underline{\sigma} = \rho\frac{\partial\psi^e}{\partial\underline{\varepsilon}^e} \tag{3.34}$$

L'équation (3.34) est appelée loi d'état car elle relie la variable flux (ou force thermodynamique) $\underline{\sigma}$ à sa variable interne duale $\underline{\varepsilon}^e$ par dérivation de la fonction énergie libre spécifique. Il est à noter ici que cette loi est aussi représentative d'une loi hyperélastique et que la seule connaissance de la partie élastique de l'énergie libre spécifique permet d'obtenir le tenseur des contraintes. ψ^e est souvent choisie sous une forme quadratique, soit :

$$\psi^e = \frac{1}{2\rho}\left(\underline{\varepsilon} - \underline{\varepsilon}^p\right)^{\text{T}} : \underline{\underline{C}}^e : \left(\underline{\varepsilon} - \underline{\varepsilon}^p\right) - \frac{1}{\rho}\left(\underline{\varepsilon} - \underline{\varepsilon}^p\right)^{\text{T}} : \underline{\underline{C}}^e : \underline{\alpha}(T - T_0) \tag{3.35}$$

où $\underline{\alpha}$ représente le tenseur des coefficients de dilatation thermique et T_0 la température initiale.

2.8 Dissipation intrinsèque réduite

D'après les relations précédentes, la dissipation intrinsèque s'écrit alors de manière générale pour les aciers à transformation de phase considérés :

$$\mathscr{D}_i : \underline{\sigma} : \underline{\dot{\varepsilon}}^p - \sum_{k=1}^{n} \underline{X}_k : \underline{\dot{\alpha}}_k - \sum_{j=1}^{l} R_j : \dot{p}_j - \pi \dot{z}_m \geqslant 0 \tag{3.36}$$

où $\underline{X}_k = \rho \partial_{\underline{\alpha}_k} \psi^{in}$ est la k-ième variable tensorielle flux associée à la variable interne tensorielle $\underline{\alpha}_k$, parmi les n considérées, $R_j = \rho \partial_{p_j} \psi^{in}$ est la j-ième variable flux scalaire associée à la variable interne scalaire p_j parmi les l considérées, et $\Pi = \partial_z \psi^{in}$ est la variable flux associée à la variable interne associée à la fraction volumique de martensite z.

2.9 Matériaux Standards Généralisés

Le second principe de la thermodynamique des processus irréversibles a permis de construire la loi d'état conduisant à l'expression des contraintes en fonction des variables duales associées en l'occurrence les déformations. Cependant, il est nécessaire, d'ajouter aux lois d'état des lois d'évolution complémentaires [15][82][80][81]. L'approche des matériaux standards généralisés proposée par Halphen et N'Guyen [51] est choisie ici pour la construction de ces lois d'évolution.

2.9.1. Enoncé

Pour construire les lois d'évolution, on postule l'existence d'un potentiel de dissipation φ fonction seule des cinétiques des variables internes (Matériau Standard) et tel que celles-ci satisfassent aux critères des processus dissipatifs normaux, soit

$$\pi = \frac{\partial \varphi}{\partial \dot{\alpha}}; \quad \pi \in \partial \varphi \tag{3.37}$$

L'analyse convexe permet de définir les propriétes que doit posséder φ [15], il vient alors que φ est une fonction convexe, positive, continue, définie pour tous les $\dot{\alpha}$ admissibles et contenant l'origine (cas où il n'y a pas dissipation)[103].

2.9.2. Comportement indépendant des vitesses

Dans le cas d'un comportement indépendant du temps (la plasticité par exemple), φ est convexe positivement homogène d'ordre un [15][51], soit

$$\varphi(k\dot{\alpha}) = k\varphi(\dot{\alpha}) \quad \forall k > 0 \tag{3.38}$$

2.10   Applications au développement des lois d'évolutions

Les lois d'évolutions des variables internes sont alors obtenues, en considérant un processus dissipatif normal dans le cas d'un comportement indépendant du temps (plasticité). Il s'ensuit que le potentiel de dissipation φ est donné par une fonction convexe positivement homogène d'ordre un.

Cependant, on cherche à exprimer les lois d'évolutions complémentaires avec les cinétiques des variables internes fonction de leurs variables flux associées. On introduit alors la transformée de Legendre-Fenchel [103][6] de φ (ou fonction duale) notée $\varphi^\star(\hat{\underline{\sigma}},\underline{X}_k,R_j,\pi)$, qui est la fonction indicatrice du domaine convexe $\Omega = \left\{(\hat{\underline{\sigma}},\underline{X}_k,R_j,\pi)/f^p(\hat{\underline{\sigma}},\underline{X}_k,R_j,\pi) \leqslant 0\right\}$ i.e. le domaine élasto-dissipatif représenté par la fonction de charge f^p dont certaines expressions seront proposées par la suite. $\varphi^\star$ est appelée fonction indicatrice car elle permet de rendre compte des deux états que peut occuper le critère de charge, soit

$$\begin{cases} \varphi^\star = 0 & \text{si } f < 0 \rightarrow \underline{\dot{\varepsilon}}^p = \underline{0} \\ \varphi^\star = +\infty & \text{si } f = 0 \rightarrow \underline{\dot{\varepsilon}}^p \neq \underline{0} \end{cases} \tag{3.39}$$

L'introduction de la fonction potentiel de dissipation duale n'est donc qu'une indicatrice et ne permet pas d'aboutir directement aux lois d'évolution. Afin de pouvoir énoncer celles-ci, on introduit alors le principe de dissipation maximum donné par Hill en 1950 [53].

2.10.1.   Principe de dissipation maximum

On doit ce principe à Hill [53], qui défini parmi toutes les forces thermodynamiques admissibles, que les flux solutions sont ceux qui maximisent la dissipation, il en découle par utilisation de la définition de la fonction indicatrice $\varphi^\star$ et du domaine convexe Ω l'énoncé de la dissipation

$$\mathscr{D}_i = \max_{(\hat{\underline{\sigma}},\hat{\underline{X}}_k,\hat{R}_j,\hat{\pi})\in\Omega} \left\{\hat{\underline{\sigma}}:\underline{\dot{\varepsilon}}^p - \hat{\underline{X}}_k:\underline{\dot{\alpha}}_k - \hat{R}_j\dot{p}_j - \hat{\pi}\dot{z}_m\right\} \tag{3.40}$$

Le maximum d'une fonction convexe peut être obtenu par le minimum de son opposée, à savoir :

$$\mathscr{D}_i = -\min_{(\hat{\underline{\sigma}},\hat{\underline{X}}_k,\hat{R}_j,\hat{\pi})\in\Omega} \left\{\hat{\underline{\sigma}}:\underline{\dot{\varepsilon}}^p - \hat{\underline{X}}_k:\underline{\dot{\alpha}}_k - \hat{R}_j\dot{p}_j - \hat{\pi}\dot{z}_m\right\} \tag{3.41}$$

Il en découle que le problème de minimisation sous contraintes est transformé par utilisation d'une fonction de Lagrange $\mathscr{L}$ en un problème non contraint, tel que cette fonction soit définie par

$$\mathscr{L}(\hat{\underline{\sigma}},\hat{\underline{X}}_k,\hat{R}_j,\hat{\pi}) = -(\hat{\underline{\sigma}}:\underline{\dot{\varepsilon}}^p - \hat{\underline{X}}_k:\underline{\dot{\alpha}}_k - \hat{R}_j\dot{p}_j - \hat{\pi}\dot{z}_m) + \dot{\lambda}\phi(\hat{\underline{\sigma}},\hat{\underline{X}}_k,\hat{R}_j,\hat{\pi}) \tag{3.42}$$

Les conditions d'optimalité sont obtenues par application des relations de Kuhn-Tucker, il vient

$$\underline{\dot{\varepsilon}}^p = \dot{\lambda}\partial_{\hat{\underline{\sigma}}}\phi \quad \dot{p}_j = -\partial_{\hat{R}_j}\phi \quad \underline{\dot{\alpha}}_k = -\dot{\lambda}\partial_{\hat{\underline{X}}_k}\phi \quad \dot{z} = -\dot{\lambda}\partial_{\hat{\pi}}\phi \quad \phi = 0 \tag{3.43}$$

où le multiplicateur de Kuhn Tucker satisfait les contraintes

$$\dot{\lambda} \geqslant 0 \quad \dot{\lambda}\phi = 0 \tag{3.44}$$

Les équations définies par (3.43) et (3.44) décrivent le fait que la plasticité n'évolue que lorsque le critère de charge est satisfait et donc que l'accroissement du multiplicateur de Kuhn-Tucker (ou multiplicateur de plasticité) est strictement positif. Une interprétation graphique des équations (3.43) et (3.44) est donnée sur la figure 3.1.

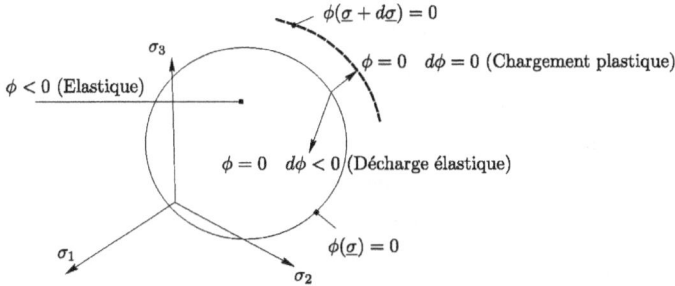

FIGURE 3.1 – *Interprétation de l'évolution du critère de charge*

ϕ est une fonction représentative du domaine convexe (ou fonction potentielle). Dans le cadre de la plasticité associée le potentiel d'écoulement plastique ϕ est identique à l'expression de la fonction de charge. Cependant, pour décrire l'évolution des variables internes liées à l'écrouissage cinématique et la fraction volumique de phase produite, on doit faire appelle à un autre potentiel et donc sortir du cadre de la plasticité associée.

2.10.2. Choix du potentiel plastique

Dans le cadre d'une théorie non associée, afin de prendre en compte le phénomène d'écrouissage cinématique non-linéaire, i.e. sans transformation de phase [15][30], on postule pour un potentiel de la forme

$$\phi = f^{p}(\hat{\underline{\sigma}}, \hat{\underline{X}}_{k}, \hat{R}_{j}) + \phi^{K}(\hat{\underline{X}}_{k}) \tag{3.45}$$

Dans le cas de la prise en compte de la transformation de phase, on introduit un troisième terme, soit

$$\phi = f^{p}(\hat{\underline{\sigma}}, \hat{\underline{X}}_{k}, \hat{R}_{j}) + \phi^{K}(\hat{\underline{X}}_{k}) + \phi^{pt}(\hat{\pi}) \tag{3.46}$$

où ϕ^{K} et ϕ^{pt} sont respectivement les potentiels permettant d'écrire les lois d'évolutions complémentaires des variables tensorielles liées à l'écrouissage cinématique $\underline{\alpha}_{k}$ et à la fraction de phase produite z.

Dans les développements suivants, la description des formes retenues pour les potentiels liés à l'écrouissage cinématique, à la transformation de phase ainsi qu'à l'écrouissage isotrope seront décrits.

2.11   Surfaces de charges et critères associés

La surface de charge définie la forme initiale du domaine élastique dans le domaine des contraintes. Cette forme initiale est très dépendante du degré d'anisotropie initiale. Cependant dans tous les cas il s'agit d'un cylindre dont la forme de base dépend du type d'anisotropie et l'axe du cylindre correspond à la trissectrice du repère du déviateur des contraintes (représentante de l'état de contraintes hydrostatiques).

Dans le cas des tôles minces, le procédé de laminage induit une forte anisotropie. De part ce procédé d'élaboration, la direction de laminage est une direction privilégiée ainsi que la direction transverse. L'anisotropie des tôles est ainsi qualifiée d'orthotrope. Cependant, selon le matériau étudié, le degré d'anisotropie peut varier. Dans le cas d'alliages cuivreux (laiton, bronze) le comportement reste globalement isotrope et le critère isotrope de von Mises quadratique est suffisant. Par contre dans le cas de la plupart des aciers et des alliages d'aluminium le degré d'anistropie est élevé et un critère isotrope n'est plus d'actualité. On peut alors partager les critères selon deux familles : les critères quadratiques et non-quadratiques. Banabic et al. [7], Habraken [49], présentent une large synthèse de ces différents critères. On présente cependant les critères envisagés dans la suite de l'étude.

2.11.1.   Critère isotrope quadratique de von Mises

Afin de représenter le comportement d'un matériau dans le cas des sollicitations multiaxiales, il est nécessaire pour simplifier l'approche tensorielle, de définir un critère scalaire relatif à des champs tensoriels. von Mises proposa d'utiliser le second invariant du tenseur des contraintes $\underline{\sigma}$ pour formuler une fonction seuil. Dans le cas des matériaux métalliques, une seconde hypothèse est émise traduisant le fait que la déformation plastique est indépendante de la pression. En décomposant le tenseur des contraintes en une partie sphérique et une partie déviatorique, il vient

$$\underline{\sigma} = \frac{1}{3}tr\underline{\sigma}\underline{1} + dev\underline{\sigma} \tag{3.47}$$

La première partie représente la partie relative à la contrainte hydrostatique. Il en résulte donc que la fonction de charge est définie à partir du second invariant du déviateur des contraintes, qui n'est autre que la norme du déviateur au facteur $\sqrt{3/2}$ près, soit

$$\bar{\sigma} = \sqrt{\frac{3}{2}}\sqrt{dev\underline{\sigma} : dev\underline{\sigma}} \tag{3.48}$$

Dans le repère des contraintes principales (Π-plan), la relation est un cylindre à base circulaire (Figure 3.2). L'expression de ce cylindre est

$$f^p\left(\underline{\sigma}\right) = \overline{\sigma} - \sigma_y = 0 \tag{3.49}$$

où σ_y est la limite élastique du matériau considéré.

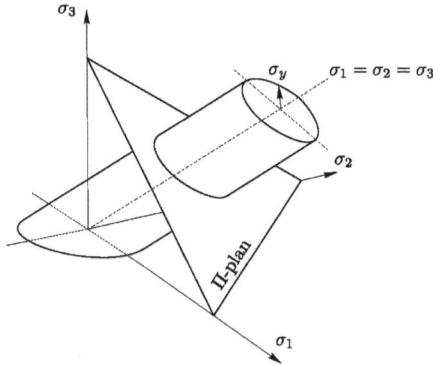

FIGURE 3.2 – *Représentation du critère de von Mises dans le repère des contraintes principales.*

2.11.2. Critère quadratique de Hill48

Le critère de Hill 1948 [53][54] est le critère quadratique le plus employé pour décrire l'orthotropie des tôles. On peut le considérer comme une extension du critère de von Mises, par introduction d'un tenseur du quatrième ordre décrivant l'anisotropie noté $\underline{\underline{H}}$, il en résulte le critère de Hill 1948, soit

$$f^p\left(\underline{\sigma}\right) = \sqrt{\underline{\sigma} : \underline{\underline{H}} : \underline{\sigma}} - \sigma_y \tag{3.50}$$

avec le tenseur d'anisotropie $\underline{\underline{H}}$ défini par

$$\underline{\underline{H}} = \begin{pmatrix} F+G & -H & 0 \\ -H & F+H & 0 \\ 0 & 0 & 2P \end{pmatrix} \tag{3.51}$$

où F,G,H,P sont des paramètres matériaux à identifier. On peut relier ces paramètres aux coefficients de Lankford r_α définis par

$$r_\alpha = \frac{\varepsilon_\alpha}{\varepsilon_3} \tag{3.52}$$

Les déformations ε_α et ε_3 sont respectivement les déformations transverses et les déformations dans l'épaisseur (amincissement) obtenues lors d'un essai de traction dans la direction α, i.e. la direction définie dans le plan de la tôle est d'angle α par rapport à la direction de laminage (figure 3.3).

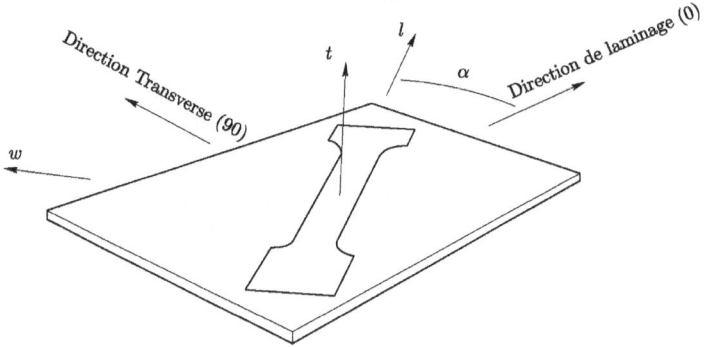

FIGURE 3.3 – *Définition des tests de traction pour l'identification des coefficients de Lankford*

Il vient la définition des paramètres de Hill, soit

$$ \text{H} = \frac{r_0}{1 + r_0} \qquad \text{F} = \frac{r_0}{r_{90}(1 + r_0)} \qquad \text{P} = \frac{(r_0 + r_{90})(2r_{45} + 1)}{2r_{90}(1 + r_0)} \qquad \text{G} + \text{H} = 1 \qquad (3.53) $$

L'utilisation des r_α permet de quantifier l'aptitude du matériau à s'amincir sous sollicitations. En effet, dans le cas où $r_\alpha < 1$, la déformation dans l'épaisseur évolue plus vite que la déformation transverse dans le plan, i.e. l'amincissement ou l'épaississement sont favorisés par rapport à l'allongement dans le plan. Dans le cas contraire ($r_\alpha > 1$) l'amincissement est majoré par l'allongement. Le cas isotrope, i.e. le critère quadratique de von Mises, est retrouvé lorsque $r_i = 1$. L'approche de Hill est très largement utilisée dans les codes de calcul par éléments finis, car elle possède l'avantage de permettre la réutilisation d'un grand nombre de techniques numériques développées dans le cas de l'approche isotrope.

La représentation de la surface de charge est un cylindre dont l'axe est la trissectrice du repère associé au déviateur des contraintes et de base elliptique. La figure 3.4 représente la différence de représentation des surfaces de charge selon Von Mises et Hill 1948. Malgré la simplicité de cette approche, deux problèmes s'interposent lors de l'étude de certains matériaux. En effet, le critère quadratique de Hill 1948 donne des résultats satisfaisants pour des matériaux ayant un coefficient de Lankford moyen $\bar{r} = \frac{1}{4}(r_0 + 2r_{45} + r_{90}) > 1$, mais dans le cas contraire, il est moins performant [49]. De plus, certains aciers et alliages présentent une surface de charge non elliptique, mais préservant la convexité et la symétrie du critère. L'utilisation de critères non quadratiques est donc indispensable.

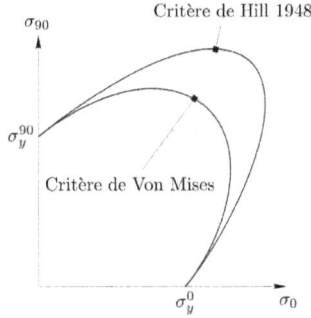

FIGURE 3.4 – *Comparaison des surfaces de charge au sens de von Mises et*

Hill 1948

2.11.3. Critères non-quadratiques de Barlat89

Les critères non-quadratiques sont souvent associés à Barlat ou Karafillis et dérivent du critère isotrope de Hosford [54]. En 1989, Barlat [8][7] propose un critère limité à des sollicitations en contraintes planes, la forme est donnée par :

$$A|K_1 + K_2|^a + A|K_1 - K_2|^a + (2 - A)|2K_2|^a = 2\sigma_y^a \qquad (3.54)$$

Avec

$$K_1 = \frac{1}{2}(\sigma_1 + h\sigma_2) \qquad K_2 = \sqrt{(\frac{\sigma_1 - h\sigma_2}{2})^2 + (p\sigma_{12})^2} \qquad (3.55)$$

Les paramètres matériaux A, h et p sont définis à partir des coefficients de Lankford, soit

$$A = 2 - 2\sqrt{\frac{r_0}{1 + r_0} \cdot \frac{r_{90}}{1 + r_{90}}} \qquad h = \sqrt{\frac{r_0}{1 + r_0} \frac{r_{90}}{1 + r_{90}}} \qquad p = \frac{\sigma_y}{\tau_y}\left(\frac{2}{2A + 2^a(2 - A)}\right)^{\frac{1}{a}} \qquad (3.56)$$

où σ_y est la limite élastique du matériau en traction uniaxiale et τ_y son équivalent en cisaillement pur. L'exposant a dépend de la nature de la structure cristalline du matériau considéré. Une comparaison avec des études polycristallines amènent à considérer $a = 6$ pour des métaux cubiques centrés et $a = 8$ pour les matériaux cubiques faces centrées. Ce critère est très souvent utilisé à la place du critère de Hill 1948 dans le cas des alliages d'aluminium ou de matériaux possédant une forte orthotropie.

2.12 Ecrouissage et comportements

Le traitement des comportements indépendants du temps, i.e. la plasticité classique, a été et continue d'être traitée de manière importante. Dans la partie qui suit, il ne s'agit pas de faire un état de l'art de cette théorie et on laissera le lecteur se pencher sur la lecture d'ouvrage tel que [78]. Cependant, on présente le déroulement logique de la modélisation du comportement dans le cadre de la thermodynamique des processus irreversibles. Il s'ensuit une explication (une tentative) toute naturelle du phénomène d'écrouissage et de sa prise en compte dans la théorie ainsi que les lois d'évolutions complémentaires associés au phénomène de plasticité de transformation au sens phénoménologique.

2.12.1. Ecrouissage isotrope et comportement des aciers austénitiques

L'écrouissage isotrope correspond à la dilatation de la surface de charge initiale. L'effet de ce phénomène peut être représenté par une simple variable scalaire α. Afin de répondre au comportement identifié en traction simple, l'écrouissage isotrope est considéré non-linéaire, i.e. qu'il existe une relation non-linéaire entre la contrainte d'écoulement R et la déformation plastique équivalente $\overline{\varepsilon}^p$. L'écrouissage isotrope est alors introduit dans l'expression de la surface de charge par utilisation de la relation générale suivante :

$$f^p = \overline{\sigma} - (R(\overline{\varepsilon}^p) + \sigma_y) = 0 \tag{3.57}$$

Abrassart [2][1][111][116] propose la forme suivante pour les aciers inoxydables austénitiques

$$R = (1 - z)K_\gamma(\overline{\varepsilon}^p)^{n_\gamma} + z(K_\zeta(\overline{\varepsilon}^p)^{n_\zeta} \tag{3.58}$$

Afin de prendre en compte, la vitesse de déformation on introduit dans cette loi un terme multiplicatif de Cowpers-Symonds, soit

$$R = \left((1 - z)K_\gamma(\overline{\varepsilon}^p)^{n_\gamma} + zK_\zeta(\overline{\varepsilon}^p)^{n_\zeta})\right)(1 + C(T)(\dot{\overline{\varepsilon}})^{p(T)}) \tag{3.59}$$

Où les K_i et n_i, ainsi que C(T) et p(T) sont les paramètres matériaux relatifs à l'écrouissage, ils dépendent de la température T. La variable z représente la fraction de phase produite. Si l'on se réfère à la figure 3.5, cette loi d'écrouissage permet de prendre en compte l'augmentation de contraintes lorsque la transformation de phase apparaît. Sur cette figure, on distingue un nouveau paramètre matériau à identifier noté σ_{act} (ou ε_{act}) représentant la contrainte (ou la déformation) d'activation de la transformation.

2.12.2. Ecrouissage isotrope associé au comportement des aciers TRiP

Dans la présentation du phénomène de transformation de phase associée au comportement particulier des aciers TRiP, on a fait état d'un écoulement plastique supplémentaire intervenant pendant la transformation. L'écoulement peut intervenir alors même que la limite élastique conventionnelle n'a pas été atteinte. Ces aciers sont alors considérés comme étant des matériaux dont l'écrouissage est lié à un écoulement relatif aux contraintes dans la matrice ferrito-bainitique et d'un écoulement supplémentaire lié

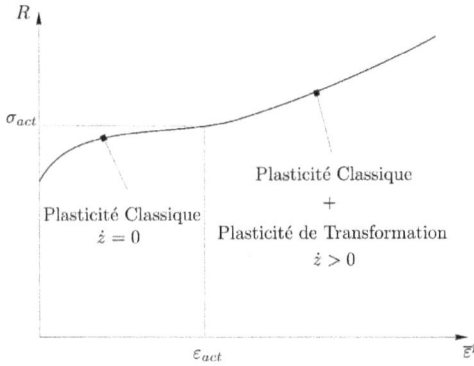

FIGURE 3.5 – *Interprétation de la loi d'écrouissage isotrope selon Abrassart[2]*

à la déformation de l'austénite résiduelle. Celle-ci se transformant en une phase martensitique au cours de la déformation. On propose alors une loi d'écrouissage isotrope représentant ce phénomène, i.e. un écoulement conventionnel (celui de la matrice ferrito-bainitique) auquel on ajoute un terme proportionnel à l'évolution de la fraction de phase produite, soit

$$\sigma_y = \left(K_\gamma(\overline{\varepsilon}^p)^{n_\gamma} + zK_\zeta(\overline{\varepsilon}^p)^{n_\zeta}\right)(1 + C(T)(\dot{\overline{\varepsilon}})^{p(T)}) \tag{3.60}$$

Cette relation est représentative de l'écoulement du matériau initial augmenté de l'écoulement provenant de la transformation. Du fait, de la faible quantité d'austénite résiduelle, l'augmentation de contraintes n'est pas aussi important que dans le cas des aciers austénitiques (figure 3.6) mais permet d'obtenir une excellente ductilité.

2.12.3. Ecrouissage cinématique

Dans le cas des procédés de mise en forme des tôles minces, le chemin de déformations subit par la pièce n'est pas monotone et influence directement le comportement du composant lors de l'étude du retour élastique [39][22][23][43]. Il est donc nécessaire d'introduire des variables décrivant le phénomène lié à l'écrouissage cinématique. Dans ce qui a précédé, l'écrouissage isotrope a été identifié comme étant le facteur d'accroissement de la fonction de charge initiale. Un deuxième phénomène apparait lorsque le matériau est soumis en premier lieu à un état de traction simple suivi d'un état de compression. En effet, l'augmentation du seuil de traction s'accompagne d'une diminution équivalente du seuil en compression, c'est l'effet Bauschinger. Ce phénomène doit être pris en compte dès lors que le matériau est soumis à un chargement cyclique ou non monotone en contraintes. L'écrouissage cinématique traduit alors, le fait que la surface de charge translate dans l'espace des contraintes. Les variables internes as-

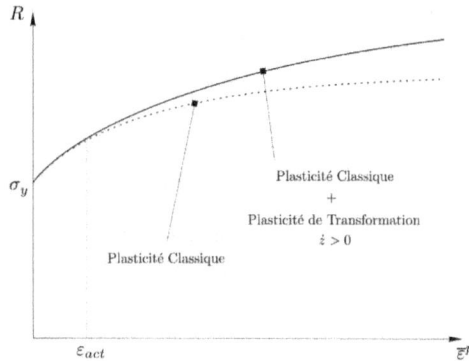

FIGURE 3.6 – *Interprétation de la loi d'écrouissage isotrope proposée pour les aciers TRiP*

sociées à l'écrouissage cinématique sont donc des variables tensorielles traduisant le déplacement du centre de la surface de charge. Dans le cas de l'étude, un modèle d'écrouissage cinématique non-linéaire de Chaboche, tel que

$$\phi^K = \frac{\gamma}{2\delta}\underline{X}:\underline{X} - \frac{\delta\gamma}{2}\underline{\alpha}:\underline{\alpha} = 0 \qquad (3.61)$$

Partant de cette équation et par définition des variables d'état, on obtient la relation suivante

$$\underline{\dot{X}} = \delta\underline{\dot{\alpha}} \qquad (3.62)$$

D'ou, par utilisation des relations de Kuhn-Tucker (3.43)

$$\underline{\dot{X}} = \delta\underline{\dot{\varepsilon}}^p - \gamma\dot{\bar{\varepsilon}}^p\underline{X} \qquad (3.63)$$

Cette relation permet de palier aux faiblesses du modèle linéaire de Prager [78], i.e. le fait que la surface d'écoulement se déplace dans la direction d'écoulement. Ce modèle permet aussi d'introduire un phénomène de saturation nécessaire à une prédiction correcte du retour élastique [43].Les paramètres matériaux δ et γ sont à identifier sur des essais cycliques (ou non-monotones). Dans le cas du présent modèle, on utilisera un écrouissage mixte, i.e. le couplage entre écrouissage isotrope et cinématique précédemment présentés.

2.13 Lois d'évolution de la fraction de phase produite - Approche initiale

En tout état de cause, la physique de la transformation de phase n'est a priori pas connu et seul l'aspect phénoménologique est considéré. Le processus de la transformation peut être construit selon deux étapes : Une phase d'initiation de la transformation liée à un état de contraintes appliqué aux grains d'austénite résiduelle tel qu'il dépasse le seuil d'écoulement de cette phase (la phase mère). Une phase de croissance pendant l'écrouissage, définissant la transformation de la phase mère (austénite) vers la phase parente (martensite). De par le processus physique et la nature de la transformation, l'activation et l'évolution de la fraction de phase évoluent plus vite en traction, qu'en cisaillement ou en compression [116]. Cet état de fait, laisse supposer que l'évolution de la transformation est très dépendante de la triaxialité des contraintes. De ce qui découle du chapitre 2, la température joue elle aussi un rôle important sur les phases d'initiation et de développement de la transformation. En reprenant, l'expression de la dissipation, on peut faire l'hypothèse légitime que la fraction de phase peut varier sans écoulement plastique appréciable (par variation thermique par exemple), il vient

$$-\hat{\pi}\dot{z}_m \geqslant 0 \tag{3.64}$$

Une des caractéristiques de la transformation de phase est donnée par le fait que la cinétique de transformation ne peut être que positive (transformation directe) car la déformation plastique engendrée est irréversible. La conséquence est directe puisque $\dot{z}_m \geqslant 0$ alors la force thermodynamique $\hat{\pi}$ est négative ou nulle (cas où il n'y a pas de transformation).

Afin de proposer pour la force thermodynamique liée à la transformation. Les variables ayant une influence sur la transformation sont les suivantes :

1. Cinétique de la fraction volumique de martensite,

2. Taux de triaxialité $\chi = \frac{1}{3}\frac{tr\sigma}{\overline{\sigma}}$,

3. Température T,

4. Seuil d'activation de la transformation (déformation ou contrainte d'activation),

5. Vitesse de déformation.

On postule alors que le force thermodynamique liée à la transformation est une fonction linéaire du taux de triaxialité, dont les coefficients dépendent de la température :

$$-\hat{\pi} = a(T) + b(T)\chi(z) \tag{3.65}$$

où $a(T)$ et $b(T)$ sont des coefficients matériels dépendants de la température. Afin d'écrire les lois d'évolution relatives à la transformation, il est nécessaire, dans le cas d'une approche phénoménologique, de décrire la forme du potentiel de dissipation ϕ^{pt}. On postule alors que ce potentiel est donné par une loi puissance en $(-\hat{\pi})$, soit :

$$\phi^{pt} = \frac{1}{n(T)+1}(-\hat{\pi})^{n(T)+1} \tag{3.66}$$

où $n(T)$ représente la sensibilité de la fraction volumique et dépend de la température. Il en découle alors la forme suivante

$$\phi^{pt} = \frac{1}{n(T)+1}\left(a(T) + b(T)\left(\frac{\sigma_m}{\overline{\sigma}}\right)\right)^{n(T)+1} \tag{3.67}$$

Par introduction de ce potentiel dans l'expression de la cinétique (3.43), il vient

$$\dot{z} = \dot{\lambda} \left(a(\text{T}) + b(\text{T})\chi(z) \right)^{n(\text{T})} \tag{3.68}$$

Dans le cas d'un chargement monotone, i.e. dans le cas où la triaxialité est constante ($\dot{\chi} = 0$), l'équation (3.68) est facilement intégrable puisque dans le cas de critères quadratiques, le multiplicateur de plasticité est égale à la vitesse de déformation plastique cumulée. Dans ce cas précis, il en découle l'équation intégrée

$$z = \left(a(\text{T}) + b(\text{T})\chi(z) \right)^{n(\text{T})} \bar{\varepsilon} + z_0 \tag{3.69}$$

Il en résulte que le processus de transformation de phase est linéaire par rapport à la déformation équivalente (figure 3.7). Dans le cas des aciers TRiP, du fait de la faible quantité d'austénite résiduelle, ce modèle se montre assez performant car la non-linéarité de la transformation est faible. Cependant, un phénomène important n'est pas pris en compte. En effet, lors de l'écrouissage, la cinétique de transformation tend à saturer et les courbes caractéristiques de la transformation ont une allure en S ce qui n'est pas pris en compte dans le modèle ci-dessus. On peut tout de même introduire un critère de saturation en considérant une valeur à saturation z_∞ et ainsi limiter l'évolution de la transformation. Dans la partie suivante, on présentera alors une modification de l'expression de la cinétique de transformation, permettant de rester dans le cadre thermodynamique construit, et dont l'expression prend en compte le phénomène asymptotique ainsi que l'évolution non-linéaire de la transformation. Il est à noter que pour prendre en compte l'effet d'activation de la transformation après la limite d'élasticité conventionnelle, on fait le choix d'activer la transformation à partir de la déformation d'activation ε_{act}. Ce choix est lié à l'évolution de la transformation constatée par Olson et Cohen [96][95], Stringfellow [111] et Lani [69].

2.14   Cinétique de la transformation - Approche finale

Précédemment, la cinétique de la transformation a été introduite dans le cadre de la thermodynamique des processus irréversibles. Cependant, les courbes en chargement monotone, ne permettaient pas de représenter les phénomènes de saturations observées [96][95] pour les aciers austénitiques métastables et dans [69] dans le cadre des aciers TRiP. On propose alors une modification de l'expression de la cinétique de la variable interne associée à la transformation de phase, l'expression (3.68) est donc complétée de la façon suivante

$$\dot{z} = (z_\infty - z) \left(a(\text{T}) + b(\text{T})\chi(z) \right)^{n(\text{T})} \dot{\bar{\varepsilon}} \tag{3.70}$$

où z_∞ est la fraction de martensite à saturation, variable à identifier et dépendante de la température. De la même manière que précédemment, dans le cas de chargements monotones, la triaxialité est indé-

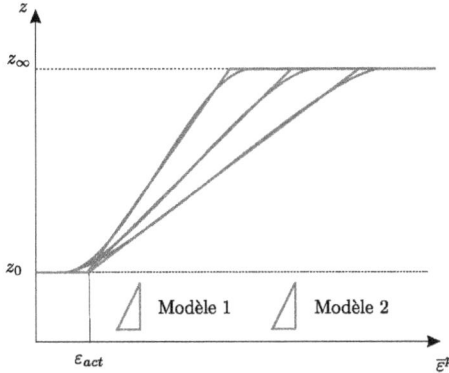

FIGURE 3.7 – *Caractéristiques des modèles des cinétiques de transformation*

proposés

pendante du temps, et il est possible d'intégrer l'expression (3.70), soit

$$z = z_0 + (z_\infty - z_0)(1 - e^{-(a+b\chi)^n \bar{\varepsilon}})$$ (3.71)

La figure 3.7 représente la cinétique de la fraction volumique de martensite et l'on retrouve les caractéristiques souhaitées, i.e. une croissance de la fraction proche de celle observée (non-linéarité entre
fraction et déformation plastique équivalente) ainsi qu'une saturation de la fraction à partir d'un niveau
de déformation donnée. La relation (3.70) permet de respecter le cadre thermodynamique précédemment présenté si l'on considère que l'énergie spécifique associée à la transformation est donnée par

$$\psi^{pt} = (z_\infty - z)\phi^{pt}$$ (3.72)

Il s'agit dans ce cas, d'une loi de saturation liée à la création et à la saturation de la croissance de fraction de martensite durant l'écrouissage. On obtient ainsi une meilleure modélisation du phénomène et
par la suite on utilisera la cinétique donnée par la relation (3.70) pour simuler les comportements sous
sollicitations complexes.

2.14.1. Cas particuliers des aciers inoxydables métastables

En référence à l'étude menée par Stringfellow et al. [111], on peut constater que le terme de saturation
z_∞, n'est pas constant. En effet, ce terme varie avec la triaxialité qui tend à favoriser la transformation.
A partir des résultats obtenus par Stringfellow, on propose alors un modèle d'évolution pour la fraction
de saturation sous la forme :

$$z_\infty = 1 - e^{-a_1(\chi + \chi_0)^{a_2}}$$ (3.73)

où a_1 et a_2 sont des paramètres matériaux et χ_0 représente un facteur de translation dans l'espace des triaxialités et est égal à l'unité (i.e. $\chi_0 = 1$) dans le cas des aciers inoxydables purement austénitique. Sur la figure 3.8, on représente les valeurs obtenues par utilisation des résultats de Stringfellow. Dans le cas des aciers TRiP, ce constat n'est pas justifié du fait de la faible proportion d'austénite résiduelle.

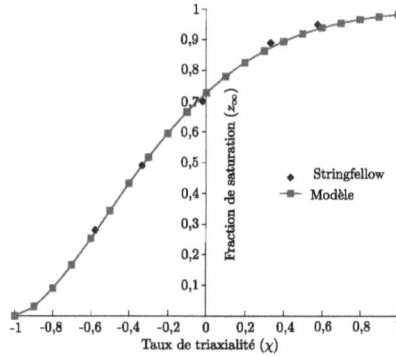

FIGURE 3.8 – *Evolution de la fraction de saturation z_∞ en fonction du taux de triaxialité des contraintes*

2.15   Modification des propriétés élastiques - Approche phénoménologique

On propose ici deux types de modèles, en premier lieu un modèle permettant de rendre compte de l'évolution du module d'Young avec l'écrouissage dans le cas de matériaux ne possédant pas de transformation de phase. Cette approche a pour but de rendre compte des évolutions observées par Morestin [91] et Thibaud [114] et présentée dans le chapitre d'introduction. Dans le cas des matériaux TRiP et des aciers austénitiques, on propose une relation dont la transformation de phase est le moteur de l'évolution.

2.15.1.   Evolution du module d'Young dans le cas de matériau n'exhibant pas de transformation de phase

Il s'agit de représenter une évolution du module d'élasticité avec saturation. Comme pour l'évolution de la fraction de phase produite, on propose le modèle analytique suivant

$$E(\overline{\varepsilon}) = E_0 + (E_\infty - E_0)(1 - e^{-\beta \overline{\varepsilon}^q}) \qquad (3.74)$$

E_0 est le module d'Young initial et E_∞ est le module d'Young à saturation. β et q sont des paramètres matériaux à identifier. β représente la vitesse de saturation. Afin, de prendre en compte la restauration du module d'élasticité avec le temps (viscoélasticité), on introduit un terme de restauration sur le module d'Young à saturation E_∞ en considérant que ce terme dépend du temps, on propose la forme suivante

$$E_\infty(t) = E_\infty^0 + (E_0 - E_\infty)(1 - e^{-(\frac{t}{\tau})^{n_1}})$$ (3.75)

τ est un paramètre de recalage temporel à identifier. Les relations (3.74) et (3.75) seront utilisées pour prédire le comportement de pièces obtenues après formage afin de voir l'influence réelle des procédés.

2.15.2. Evolution des propriétés élastiques avec la transformation de phase

Comme il en a été fait l'hypothèse, on considère que la transformation de phase exhibée par les aciers austénitiques métastables et les aciers TRiP est le moteur d'une grande modification des propriétés élastiques (et plastiques) au cours de l'écrouissage. On choisit alors pour représenter l'évolution du module d'Young ainsi que de la dureté, des relations semblables à (3.74) pour faire apparaître une nouvelle forme de saturation. En effet, dans le cas de tels aciers, des essais dans le temps n'ont pas permis de voir une franche restauration du module d'Young au cours du temps, ce qui envisage que le phénomène de transformation est le principal acteur de la modification, il vient ainsi l'expression de l'évolution du module d'Young

$$E(z) = E_0 + (E_\infty - E_0)(1 - e^{-\beta z^q})$$ (3.76)

Et dans le cas de la dureté, on suppose que son évolution suit la même loi. En effet, il existe une relation empirique reliant le module d'Young à la dureté, on choisit donc d'écrire son évolution à l'aide d'une relation similaire

$$H(z) = H_0 + (H_\infty - H_0)(1 - e^{-\beta z^q})$$ (3.77)

Les paramètres β et ν sont des paramètres matériaux à identifier. E_0 et E_∞ représentent le module d'Young initial et à saturation du matériau. De la même manière, H_0 et H_∞ représentent respectivement la dureté initiale et la dureté à saturation du matériau. La relation (3.77) pourra être reliée aux études de nano-indentations menées par Furnémont et al. [102] sur les aciers TRiP et permettra ainsi de remonter à une expression des paramètres H_0, H_∞ puis E_0 et E_∞ fonction de la consitution de l'acier TRiP considéré.

3 Synthèse des équations de comportement

Les équations constitutives ont été posées et détaillées dans le cadre thermodynamique. Afin de pouvoir synthétiser les approches, on propose de résumer les diverses équations de comportement.

3.1 Approche purement phénoménologique des aciers conventionnels

Dans cette partie, seule l'évolution des propriétés élastiques avec l'écrouissage et le temps diffèrent des approches de la plasticité classique. Il en découle que l'évolution des propriétés est résumée par les relations (3.74) et (3.75). Il est donc nécessaire d'identifier 4 nouveaux paramètres par rapport à une approche classique, soit : β, ν, E_∞ et τ. Il vient alors l'expression de la relation 3.75, soit

$$E_\infty(t) = E_\infty^0 + (E_0 - E_\infty)(1 - e^{-(\frac{t}{\tau})^{n_1}})$$

3.2 Approche purement phénoménologique des aciers à transformation

Dans ce qui suit, on présente l'intégralité des équations constitutives pour la modélisation des aciers inoxydables austénitiques ainsi que les aciers TRiP, le tableau 3.1 synthétise cette approche. Il en résulte un nombre de paramètres matériaux à identifier assez important mais n'excèdent pas un total de 32 paramètres pour un critère de Barlat 1989.

4 Conclusions et perspectives

Une modélisation dans le cadre de la thermodynamique des processus irréversibles vient d'être proposée. Les deux modèles de comportement présentés permettent de considérer le phénomène de transformation de phase exhibé par les aciers inoxydables auténitiques métastables de type 3xx et les aciers TRiP. L'introduction de la variable interne z représentative de la fraction volumique de phase produite permet de prendre en compte l'effet de la transformation de phase sur l'évolution de la contrainte d'écoulement ainsi que sur le comportement élastique du matériau. La cinétique de la transformation a été modifiée au cours de l'exposé dans le but de prendre en compte les phénomènes de saturation observés expérimentalement.

L'introduction d'un écrouissage de type cinématique a été présentée afin de permettre une meilleure représentation de l'état de déformation subi par le matériau au cours du procédé. Ceci a été fait dans l'optique d'approcher plus finement le comportement du matériau dans le but de l'étude du retour élastique.

Néanmoins, les phénomènes liés à l'influence de la vitesse de sollicitations ainsi que de la prise en compte de la température n'ont été que partiellement étudiés. Leurs influences ont été cependant décrites et demeurent dans les perspectives de cette thèse comme un des points principaux de l'extension de la modélisation.

Equation	Définition	Référence	Paramètres Matériaux
$f^p = \overline{\sigma}(\hat{\underline{\sigma}}, \underline{X}_k) - R - \sigma_y$	Fonction de charge	(3.57)(3.49) (3.48-3.51) (3.53-3.56)	$\sigma_y, \varepsilon_{act}$ r_0, r_{45}, r_{90} a, τ_y
$\underline{\dot{\varepsilon}}^p = \lambda \dfrac{\partial f}{\partial \underline{\sigma}}$	Taux de de déformations plastiques	(3.43)	
$R = (K_\gamma (\overline{\varepsilon}^p)^{n_\gamma}$ $+ z(K_\zeta (\overline{\varepsilon}^p)^{n_\zeta} - K_\gamma (\overline{\varepsilon}^p)^{n_\gamma}))$ $(1 + C(T)(\dot{\overline{\varepsilon}})^{p(T)})$	Ecrouissage Isotrope ASS	(3.58)(3.59)	K_γ, n_γ K_ζ, n_ζ $C(T), p(T)$
$R = (K_\gamma (\overline{\varepsilon}^p)^{n_\gamma}$ $+ zK_\zeta (\overline{\varepsilon}^p)^{n_\zeta})$ $(1 + C(T)(\dot{\overline{\varepsilon}})^{p(T)})$	Ecrouissage Isotrope TRiP	(3.58)(3.59)	K_γ, n_γ K_ζ, n_ζ $C(T), p(T)$
$\underline{\dot{X}} = \frac{2}{3} \delta \underline{\dot{\varepsilon}}^p - \gamma \underline{X} \dot{\overline{\varepsilon}}^p$	Ecrouissage Cinématique	(3.63)	δ, γ
$\dot{z} = (z_\infty - z)(a(T) + b(T)\chi(z))^{n(T)} \dot{\overline{\varepsilon}}^p$	Cinétique de la Transformation	(3.70)	$a(T), b(T)$ $n(T), z_\infty$
$E(z) = E_0 + (E_\infty - E_0)(1 - e^{-\beta z^q})$	Module d'Young	(3.76)	E_0, E_∞ β, q
$H(z) = H_0 + (H_\infty - H_0)(1 - e^{-\beta z^q})$	Dureté	(3.77)	H_0, H_∞ β, q

TABLE 3.1 – *Synthèse des équations constitutives pour l'approche phénoménologique*

Chapitre 4

Démarches expérimentales et identifications paramétriques

Une modélisation des aciers à effet TRiP a été présentée dans le chapitre précédent. Il est maintenant nécessaire d'identifier les paramètres physiques associés à ces modèles. Dans le présent chapitre, on propose de donner la méthodologie expérimentale mise ou pourrait être mise en place. Plusieurs moyens d'essais seront proposés et expérimentés et la démarche retenue n'est pas figée. On tentera, alors, de présenter une méthode identification obtenue à partir d'un minimum d'essais expérimentaux. Un module d'identification rapide et performant sera ensuite proposé dans le cas où les résultats expérimentaux sur des essais homogènes ont pu aboutir. L'identification des paramètres d'un acier TRiP700 et d'un acier inoxydable austénitique de type métastable 304 sera présentée en corrélation avec des résultats expérimentaux durant la thèse ou bien dans certains cas extrait de la littérature. Cette identification montrera les possibilités de la modélisation.

Cependant, les essais présentés ne conduiront pas nécessairement à l'identification directe de la courbe d'écrouissage, i.e. la courbe contrainte d'écoulement en fonction de la déformation plastique cumulée. On notera alors l'importance de l'utilisation des méthodes inverses basées sur la corrélation de résultats expérimentaux et numériques obtenus sur des éprouvettes ou structures. Cette approche fera l'objet d'une introduction particulière dans le chapitre suivant.

1   Méthodes expérimentales

Dans un premier temps, on présente les essais de caractérisation disponibles et utilisés durant la thèse. Les investigations liées à cette démarche expérimentale mèneront à la nécessité de mettre en place de nouveaux moyens d'essais. De ce fait, les moyens de caractérisation ne sont pas tous disponibles. Cependant, l'équipe "Mise en Forme des Matériaux" du LMARC s'attache à l'acquisition des moyens de mesures nécessaires à ces identifications.

1.1 Essais de traction simple

L'essai de traction est de très loin le moyen de caractérisation le plus simple à mettre en oeuvre. Cet essai a déjà fait l'objet d'un très large exposé au cours du chapitre 2 et permet d'obtenir un grand nombre d'informations.

Premièrement, c'est un moyen permettant d'obtenir les propriétés élastiques initiales, i.e. E_0 et ν. Ces paramètres étant nécessaires pour définir le domaine élastique. D'autre part, il permet d'identifier la limite élastique initiale, qui a été supposée indépendante de l'état des contraintes appliquées.

La courbe de traction permet aussi d'avoir une information sur la courbe d'écrouissage pour un état de traction simple, i.e. pour une triaxialité de 0,333.

Un autre avantage de l'essai de traction est de pouvoir caractériser l'anisotropie des tôles, puisque les coefficients de Lankford définis dans le chapitre précédent, sont obtenus à partir de cet essai de caractérisation, réalisé dans les sens long, travers et transverse par rapport à la direction de laminage.

Il paraît donc légitime d'utiliser cet essai puisqu'il permet d'obtenir rapidement des informations relatives au matériau. De plus, il possède l'avantage de pouvoir être piloté en déformation. C'est un avantage indéniable puisqu'il permet d'atteindre le niveau de déformation souhaité nécessaire à la caractérisation de la transformation de phase. Il constituera donc un des essais prépondérants pour la caractérisation des aciers à effets TRiP.

Néanmoins, l'essai de traction ne permet pas de caractériser complètement le matériau et possède le désavantage de ne pas révéler certaines informations nécessaires à la modélisation. C'est d'ailleurs, un des problèmes essentiels posés pour la modélisation et la simulation des composants automobiles. En effet, la tendance actuelle est liée à l'utilisation d'une loi d'écrouissage tabulée à partir d'un essai de traction. Or du fait du comportement particulier des matériaux considérés dans ce mémoire, cela conduit inexorablement à ignorer les effets structuraux lors des procédés.

Des essais de traction ont alors été menés sur des éprouvettes en acier TRiP700 et en aciers inoxydables austénitiques de type 304L et 301LN2B. Sur les figures 4.1 et 4.2, on représente les courbes d'écrouissage de ces aciers pour une vitesse de sollicitation de $0,1\%s^{-1}$. On note alors l'allure caractéristique des aciers inoxydables austénitiques métastables à effet TRiP. Sur la courbe de traction associée à l'acier TRiP 700 (Re=350/Rm=700), on ne retrouve pas explicitement l'influence de la transformation.

A partir des résultats expérimentaux, on peut remonter à certains paramètres expérimentaux du modèle

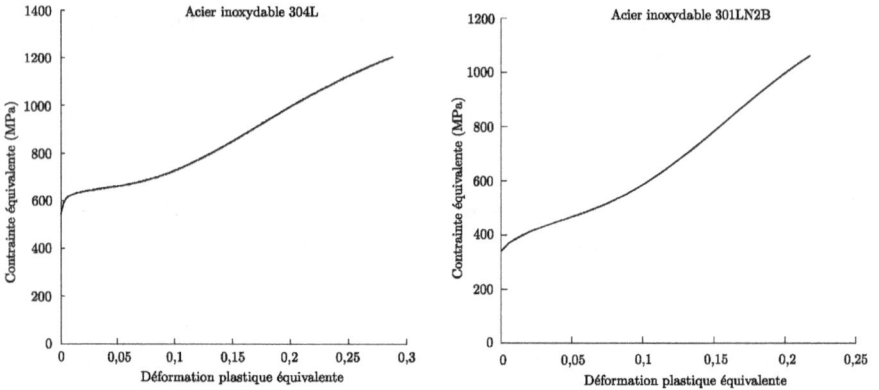

FIGURE 4.1 – *Courbes d'écrouissages obtenues par un essai de traction pour un acier inoxydable 304L et un acier inoxydable 301LN2B exhibant l'effet TRiP.*

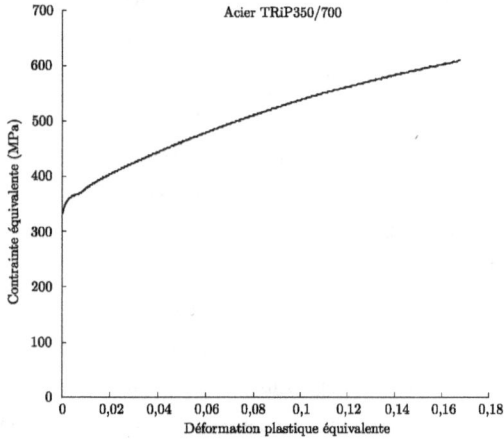

FIGURE 4.2 – *Courbe d'écrouissage obtenue par un essai de traction pour un acier TRiP350/700*

référencé dans le tableau 4.1.

De plus, ces essais permettront d'identifier l'évolution de la transformation à l'aide d'essais de carac-

---

1. On considère qu'un paramètre est partiellement identifiable dès lors qu'un seul essai de caractérisation n'est pas suffisant pour l'identifier.

E_0	E_∞	β	q	ν	σ_y
T	T	P[1]	P	T	T
ε_{act}	K_Υ	n_Υ	ε_0	K_ζ	n_ζ
T	P	P	P	P	P

TABLE 4.1 – *Paramètres partiellement (P) ou totalement (T) identifiables à partir d'essais de traction simple.*

térisation micro-structuraux et cela pour des déformations imposées. Cependant, l'état de contrainte engendré lors des procédés de mise en forme sur les composants est loin d'être homogène ou proche de l'état de traction simple. L'état de contrainte ayant une très grande influence sur le comportement de ces aciers, il est nécessaire de mettre en oeuvre d'autres essais. On s'oriente vers l'essai de gonflement, permettant d'obtenir un état de contrainte biaxial susceptible d'être plus représentatif des sollicitations en emboutissage et hydroformage.

1.2 Essais de gonflement

L'essai de gonflement consiste en l'application d'une pression sur un flan, exercée par un fluide sous pression maintenu sur une cavité par un serre-flan de forme cylindrique ou elliptique. L'augmentation de la pression dans la cavité (par apport de fluide considéré comme quasi-incompressible) tend à solliciter le flan en expansion bi-axiale. Cet état de sollicitation amène à déformer le flan selon une calotte sphérique ou ellipsoïdale comme représentée sur la figure 4.3. A partir des travaux de Michel [88] sur la caractérisation d'alliages cuivreux, il est possible, grâce à des considérations mécaniques et géométriques de remonter à la loi d'écrouissage.

Une mise en place expérimentale de ce dispositif a été effectuée au LMARC comme représenté, sur la figure 4.3. Il est ainsi possible d'acquérir en continu l'évolution du déplacement du sommet de la calotte ainsi que de l'évolution de la pression dans la cavité. Un autre avantage est relatif au fait, que cet essai permet en principe d'obtenir des informations sur l'écrouissage pour des déformations beaucoup plus importantes et pour une triaxialité différente de celle de l'essai de traction simple. Cependant, deux problèmes majeurs se posent pour la caractérisation des aciers envisagés. En effet, l'apport de fluide (augmentation de pression) se fait manuellement et il est donc impossible d'imposer une vitesse de sollicitation fixée (figure 4.4.a.). Or, l'influence de ce paramètre ne doit pas être négligée, puisque c'est un des paramètres moteurs de la transformation de phase. Sur la figure 4.4.b., on peut s'apercevoir de la difficulté à obtenir une réponse continue en pression-déplacement.

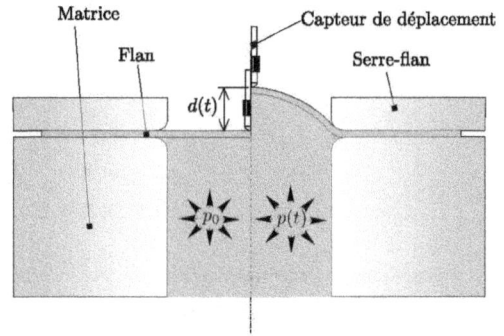

FIGURE 4.3 – *Montage expérimental de l'essai de gonflement*

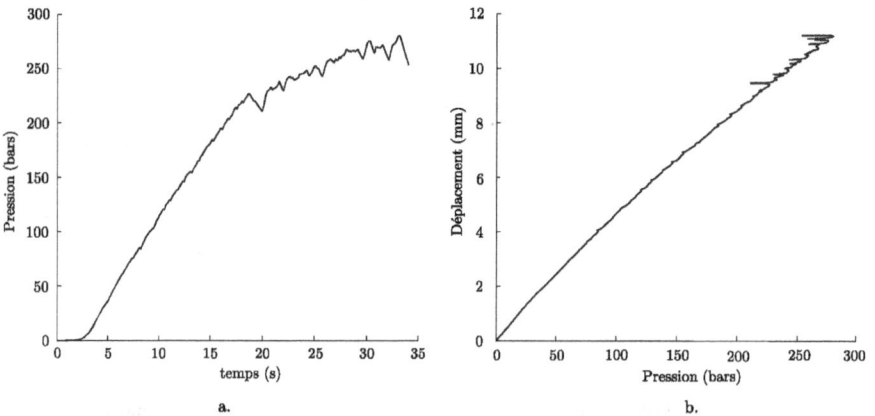

FIGURE 4.4 – *Essai de gonflement sur un acier inoxydable 304L : a. Consigne appliquée en pression - b. réponse obtenue en déplacement fonction de la pression appliquée.*

Ceci est exclusivement du à l'étanchéité du dispositif ainsi qu'au pilotage manuel de la consigne.

Par ailleurs, un autre problème se pose quant au niveau de pression qu'il faut atteindre pour déformer plastiquement le flan. Ces matériaux ont été définis comme possédant de hautes caractéristiques mécaniques et plus particulièrement une grande rigidité. Or, les moyens expérimentaux disponibles ne permettent pas d'atteindre un niveau de déformations appréciable pour quantifier le comportement des aciers à effet TRiP. Cependant, l'essai de gonflement doit être dans le futur un moyen de caractérisation de ces matériaux. Il sera donc nécessaire de mettre en oeuvre une modification de l'essai pour pouvoir piloter automatiquement l'apport de fluide. Des jauges de déformations, doivent aussi permettrent de quantifier la vitesse de sollicitation. Cet essai sera revu et amélioré dans le cadre du développement de la presse multi-fonctions conçue en collaboration avec M. Jean-Claude Gelin, Mme Nathalie Boudeau, M. Carl Labergère et la société Rhonalp. Cette presse a déjà été présentée dans le cadre de la thèse de Labergère [68]. On disposera alors d'un nouvel essai à triaxialité imposée permettant la caractérisation des aciers à transformation. On présente dans le tableau 4.2, les paramètres susceptibles d'être identifiés.

E_0	E_∞	β	q	σ_y	ε_{act}
T	T	P	P	T	T
K_γ	n_γ	ε_0	K_ζ	n_ζ	
T	P	P	P	P	

TABLE 4.2 – *Paramètres partiellement (P) ou totalement (T) identifiables à partir d'essais de gonflement sous pression hydraulique.*

Néanmoins, au regard du modèle de comportement, il est nécessaire d'introduire un nouvel essai pour pouvoir identifier correctement l'intégralité les paramètres matériaux. On s'oriente alors sur deux essais différents : l'essai Iosipescu et l'essai de traction biaxiale.

1.3 Essais de cisaillement pur - Essai Iosipescu

L'essai Iosipescu [55] est un exemple d'essai permettant de réaliser une sollicitation de cisaillement pur. Cet essai fait appel à un appareillage spécifique s'adaptant sur une machine de traction. Sur la figure 4.5, on représente le principe de fonctionnement de l'appareillage.

L'essai consiste en l'application d'un effort déplaçant la traverse mobile (bâti mobile) ; l'éprouvette étant initialement appuyée de la même manière dans les deux parties constituantes de l'outil, on obtient en essai de cisaillement permettant de localiser la déformation dans la partie centrale de l'éprouvette. Par utilisation d'un pont de jauges à 45° ou par analyse d'images (méthode Speckel ou décorrélation d'images), il est ainsi possible de remonter à l'état de déformation au sein du matériau ainsi qu'à l'état de contraintes appliqué.

Cet essai permettrait ainsi d'obtenir un troisième méthode pour l'identification, pour une triaxialité différente. Cependant, à l'heure des développements, il ne nous est pas possible d'effectuer ce type d'essais.

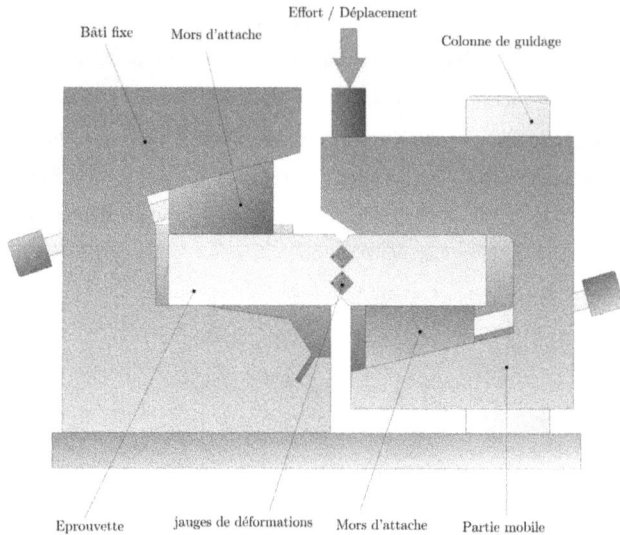

FIGURE 4.5 – *Principe de l'essai Iosipescu*

Néanmoins, la mise en place de cet essai est envisagée et pourra être réalisée dans le cadre de développements futurs.

1.4 Essais biaxiaux

Un autre type d'essai pourrait être envisagé : des essais de traction biaxiale. Le principe de base est assez simple puisqu'il s'agit d'étendre les essais de traction simple à des essais de traction biaxiale. On s'oriente vers la mise en place de ce type d'essais dans le cadre de la presse multi-fonction.

Cet essai consiste en l'application d'un état de traction biaxiale suivant deux directions perpendiculaires comme représenté sur le schéma de principe (figure 4.6). Dans le cas où les vitesses de sollicitations selon les deux axes sont identiques, l'état de contraintes est équibiaxé, i.e. $\chi = 0.666$. Cet essai permet donc en principe d'effectuer des mesures pour des triaxialités imposées entre 0 et 2/3. Par utilisation de jauges et par analyse d'images, il est possible de mesurer l'état de contrainte et de déformations, pour une triaxialité imposée.

Malgré tout, la mise au point de tels essais se révèle souvent difficile et ils n'ont pas encore été mis en place. Cependant, dans le cas où de tels essais pourraient être menés, ils permettront d'investiguer l'effet de la transformation sur le comportement du matériau pour des taux de triaxialité variables.

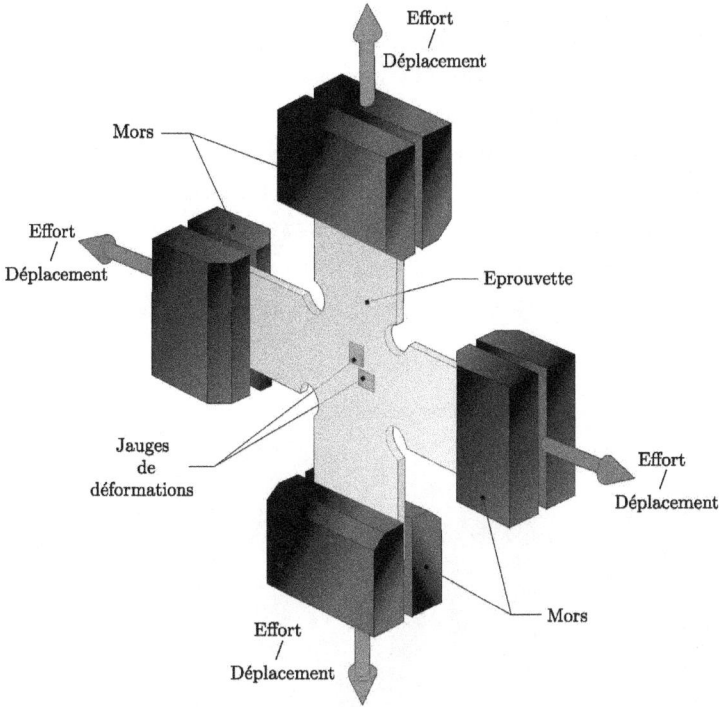

FIGURE 4.6 – *Principe de l'essai de traction biaxiale sur une éprouvette en croix utilisée par Banabic [7]*

2 Identification de l'évolution des transformations de phase

Dans le cas où la mise en place des essais de caractérisation de l'écrouissage sous triaxialité imposée a abouti (au moins trois essais sont nécessaires pour déterminer les paramètres a,b et n), on préconise de réutiliser cette méthodologie pour des niveaux de déformation imposés afin d'investiguer l'évolution de la transformation de phase, i.e. l'augmentation de fraction volumique de martensite au cours de l'écrouissage. Puis on s'oriente vers la caractérisation de la variation du module d'Young avec la transformation de phase grâce à l'utilisation de la méthode vibrométrique. Dans un premier temps, on se tourne vers la méthode la plus simple (tout est relatif) de caractérisation de la microstructure : la métallographie.

2.1   Etude métallographique

L'étude métallographique a fait l'objet de développements particuliers lors d'un projet de fin d'étude. Ce travail devait conduire à un protocole expérimental de caractérisation de la transformation de phase durant l'écrouissage. La première méthodologie développée l'a été dans le cadre du travail de Girault et Al. [46]. Elle décrit le processus à suivre permettant d'obtenir une coloration différente des phases en présence. Cependant, le protocole proposé s'est avéré difficile à mettre en oeuvre et n'a pas permis de remonter directement aux résultats attendus, i.e. à la caractérisation chromatiques des phases en présence. On s'oriente alors vers un autre protocole d'essais dont dans la suite la description complète est réalisée.

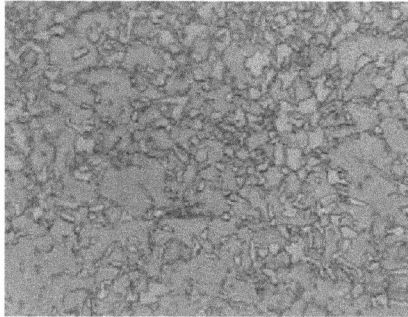

FIGURE 4.7 – *Structure métallographique d'un acier TRiP350/700 mise en évidence par le protocole expérimental.*

2.1.1.   Protocole expérimental de caractérisation par étude métallographique

La méthodologie consiste à utiliser des révélateurs chimiques (nital, éthanol, picral, solution disulfique) permettant la coloration distincte de chacune des phases. Ce protocole a permis d'obtenir de manière quasi-systématique, des images métallographiques colorées comme représentée sur la figure 4.7. A partir de l'étude d'un certain nombre d'échantillons, il est ainsi possible de caractériser la proportion des phases dans le matériau. Cette caractérisation se fait par analyse d'images par passage à une image monochromatique, il est possible de définir la proportion d'austénite initiale ainsi que celle de la matrice ferrito-bainitique dans le cas des aciers TRiP. Après une étude sur une vingtaine d'échantillons, la proportion initiale d'austénite a été définie à environ 18%, ce qui est en principe la proportion standard pour ce type d'acier [69]. Ce travail a donc fait l'objet d'un projet de fin d'études ENSMM et a permis de dégager une méthodologie simple pour quantifier les fractions de phases initiales ainsi que de l'évolution de la transformation.

2.1.2. Application à l'identification de la transformation de phase

Cette méthodologie peut alors être utilisée pour l'étude de la cinétique de transformation. On propose alors d'utiliser les essais de traction simple, de gonflement, de cisaillement ou biaxés pour la caractérisation de l'écrouissage. On impose alors un niveau de déformation et on utilise la métallographie pour déterminer l'évolution de la fraction de martensite. Il est ainsi possible d'obtenir de manière discrète l'évolution de la transformation de phase pour différentes triaxialités.

Néanmoins, il est à noter que cette approche n'a pour l'instant été menée que sur un échantillon vierge de toutes contraintes mécaniques. Il est alors nécessaire d'entreprendre les mêmes caractérisations pour des échantillons pré-écrouis. Il s'ensuit que cette méthodologie n'est pas viable pour l'identification de l'évolution de la transformation de phase au cours de l'écrouissage.

En effet, ce protocole doit être envisagé pour un ensemble d'essais relatifs à au moins trois essais à triaxialités différentes (cf. 1.1,1.2,1.3 et 1.4). Or, pour obtenir une information correcte de l'évolution de la transformation, il est nécessaire de réaliser des micrographies correspondant à des essais à déformations imposées proches, ce qui est pénalisant en terme d'identification.

Un autre dispositif expérimental est alors possible quant à l'identification de la transformation pendant l'écrouissage : la spectrométrie Mössbauer. Ce type de méthode a été utilisé par Lani et al. [69] dans le cadre des aciers TRiP.

2.2 Spectrométrie Mössbauer

La résonance gamma nucléaire ou spectrométrie Mössbauer utilise la possibilité d'observer dans les solides l'absorption résonnante sans recul de photons γ. D'un caractère pluridisciplinaire tant du point de vue expérimental que théorique, la technique est non destructive et s'adapte à des analyses in situ à haute ou basse température. On reprend dans la suite, une version simplifiée de la présentation de Eymery et Teillet [36].

2.2.1. Principe de la spectrométrie Mössbauer

Le phénomène de résonance gamma nucléaire se produit quand un photon gamma émis par un noyau émetteur S lors de la désexcitation de ce noyau est absorbé par un noyau absorbeur A identique, qui passe alors dans un état excité. Le principe de la spectrométrie Mössbauer est de détecter les phénomènes de résonance en modifiant l'énergie des photons γ émis par l'émetteur. On obtient alors une courbe appelée spectre Mössbauer permettant d'observer les raies de résonances (figure 4.8), i.e. le nombre de photons transmis en fonction de la vitesse v. Cette vitesse est définie dans l'expression de la variation d'énergie du photon en utilisant l'effet Doppler soit

$$\Delta E = \frac{v}{c} E_\gamma \qquad (4.1)$$

Il vient donc une variation de l'énergie du photon transmis E_γ par modulation de la vitesse.

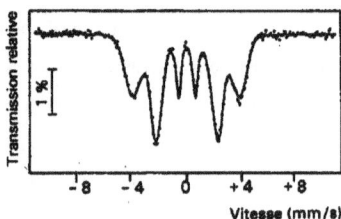

FIGURE 4.8 – *Exemple de spectre Mössbauer, d'après [36]*

2.2.2. Mise en oeuvre expérimentale

Il existe plusieurs type de spectromètres Mössbauer. Cependant, on présentera le dispositif que l'on considère le plus adéquat à l'identification de la transition de phase. On s'oriente alors vers une technique Mössbauer par réflexion permettant d'obtenir des essais non destructifs des échantillons. Le principe de cette technique est donnée sur la figure 4.9.

A partir d'une source, on transmet sur l'échantillon à étudier des photons γ. On détecte alors les photons réfléchis, i.e. des rayons X (photons X). Par projection sur un écran ou acquisition numérique, il est ainsi possible d'obtenir le spectre Mössbauer de l'échantillon testé.

2.2.3. Application à l'identification d'une transition de phase

Une des applications pratiques de l'effet Mössbauer est relatif à la détermination des phases et transitions de phases dans les alliages de fer. En effet, cette technique est particulièrement utilisée dans le cas de systèmes multiphasés présentant de l'austénite et de la martensite ; la martensite est révélée par un spectre à six raies tandis que l'austénite, qui est paramagnétique à la température ambiante, apparaît comme une superposition de doublets correspondants aux divers environnements de carbone ou d'azote. Cette technique présente donc dans le cas des aciers TRiP, la possibilité d'identifier en continu

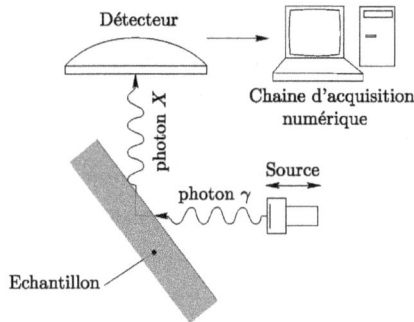

FIGURE 4.9 – *Principe de fonctionnement de la spectroscopie en géométrie de diffusion pour la détection des photons X, d'après [36].*

l'évolution de la transformation de phase pendant l'écrouissage. La spectrométrie Mössbauer est donc une méthode d'identification adaptée à la caractérisation du modèle de comportement étudié, mais n'est malheureusement pas disponible dans l'environnement proche duquel ces travaux ont été réalisés.

2.3 Mesure par diffraction de rayons X

La diffraction des rayons X est un phénomène de diffusion cohérente et élastique qui se produit lorsque les rayons X interagissent avec la matière organisée. L'onde diffractée résulte de l'interférence des ondes diffusées par chaque atome. Elle dépend donc de la structure cristallographique.

La diffraction conventionnelle et la diffraction par dispersion d'énergie sont utilisées pour quantifier la proportion d'une certaine phase dans un alliage biphasé par exemple le taux d'austénite résiduelle dans les aciers au carbone, à condition de connaître les phases en présence. Néanmoins, l'utilisation de la diffraction de rayons X est difficile à mettre en oeuvre et renvoie le résultat en taux de ferrite à la surface. Dans [56], la méthode de diffraction de rayons X a été présentée comme une approche probable de quantification de l'évolution de la transformation de phase.

2.4 Mesure par méthodes de perméabilité magnétique

La mesure de la quantité de ferrite se fait la plupart du temps à l'aide d'appareils mesurant l'induction du matériau soumis à un champ magnétique faible. Cette mesure est souvent réalisée à partir d'un appareil de mesure de type ferritescope. La perméabilité, fonction de la teneur en phase ferromagnétique, est ici appréciée.

La mesure dépend également de la taille, la forme, l'orientation des particules de ferrite. Elle est sensible

en outre à la prémagnétisation de la zone mesurée ou à la présence éventuelle de martensite d'écrouissage (due à l'effet TRiP par exemple). En revanche la composition chimique de la ferrite aurait une influence plutôt limitée pour une nuance donnée. La mesure au ferritescope apparaît donc assez pertur-
bable. Elle est néanmoins rapide, simple, non destructive, employable en toutes positions. La mesure
obtenue permet d'obtenir directement le pourcentage de ferrite au sein du matériau. Il semble que cette
méthode soit assez bien adaptée à l'étude des aciers inoxydables. Une étude sur la formabilité de ces
aciers a été menée, grâce à l'utilisation de ce type de mesures, par Talyan, Wagoner et Lee [112].

2.5 Caractérisation des phases par nano-indentation

Afin de connaître le comportement particulier de chaque phase, il est possible de mettre en oeuvre des
essais de caractérisations par nano-indentation. Ces essais consistent en l'indentation d'un poinçon de
forme géométrique déterminée (très souvent il s'agit d'une forme pyramidale en diamant appelé indenteur Berkovitch) sur l'échantillon. Il est ainsi possible de déterminer l'effort de réaction du composant
pour un mouvement imposé, ainsi que d'étudier la pénétration de l'indenteur.
A partir de ce type d'essais, il est possible de remonter aux propriétés élastoplastiques de chaque phase.
Il en découle des informations importantes sur les caractéristiques intrinsèques de chaque phase, i.e. le
module d'Young, la dureté et la loi d'écrouissage au niveau des grains constitutifs du matériau. Cette approche a déjà été entreprise par Jacques et al. [56], ainsi que Furnémont et al. [102] pour l'identification
de la dureté de chaque phase. Cette méthode permet alors d'identifier les paramètres élasto-plastique
de chaque phase. Cette approche est possible dans le cadre d'une étude interne à l'équipe puisque le
LMARC possède un nano-indenteur ainsi que l'ENSMM.

2.6 Etude vibrométrique pour l'identification du module d'Young

On a déjà fait référence à cette technique pour l'identification de la variation du module d'Young. Néanmoins, elle prend toute son importance pour valider l'hypothèse de l'influence de la transformation sur
le module d'élasticité. On tentera alors en regard des résultats obtenus par nano-indentation de relier les
caractéristiques des phases au module d'Young identifié par méthode vibrométrique. Il en découle que
la méthode vibrométrique, permet pour ce type d'essai, de déterminer immédiatement l'évolution du
module d'Young et plus généralement des propriétés élastiques au niveau global. Cette méthode a été
présentée et elle possède l'avantage d'avoir fait l'objet d'une mise en place rigoureuse et précise dans la
démarche à observer [114][113].

2.7   Identification de l'écrouissage cinématique par des essais de flexion cycliques

Dans le but d'identifier les paramètres nécessaires à la prise en compte de l'écrouissage cinématique, on s'oriente vers l'utilisation d'essais cycliques. Les essais de traction-compression alternés permettraient en principe d'obtenir une réponse du matériau sous chargements non monotones. Cependant, un problème majeur s'oppose à l'utilisation de ce type d'essais.

Les échantillons prélevés sont des éprouvettes en tôles. Dans le cas d'un chargement en compression, la structure tend à devenir instable, i.e. la structure flambe. On propose alors d'effectuer des essais de flexion cycliques sur des éprouvettes. Un dispositif expérimental a été proposé pour la réalisation de tels essais par Arnold et al. [4]. On représente sur la figure 4.10, la représentation du dispositif expérimental. Il consiste en l'utilisation de quatre moteurs pas à pas permettant d'appliquer de manière symétrique un couple sur deux éprouvettes en tôles. Par utilisation de jauges de déformations, il est ainsi possible de remonter à l'évolution des déformations en fonction des moments appliqués. Cette méthode d'identification paraît la plus adéquate à l'identification des paramètres d'écrouissage cinématique pour des tôles. L'ensemble du système est suspendu par des câbles afin d'assurer la liberté complète des degrés de liberté de rotation. Ces moyens expérimentaux sont à l'heure actuelle à l'étude. Il vient que l'utilisation d'un tel dispositif expérimental mène à l'identification des paramètres δ et γ.

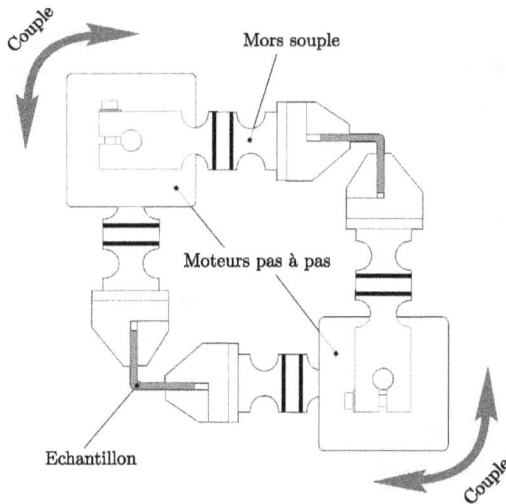

FIGURE 4.10 – *Principe de l'essai de flexion pure cyclique, d'après [36]*.

2.8   Essais de caractérisation de l'influence de la vitesse de déformation

Dans le cas de l'identification des paramètres de sensibilité à la vitesse C et p, il est possible d'effectuer des essais de traction à plusieurs paliers de vitesses de déformation. Cependant, les investigations menées sur l'influence de la vitesse de déformation semblent montrer un effet inverse à celui énoncé par Cowper-Symonds, i.e. un adoucissement du matériau avec l'accroissement de vitesse. C'est une des raisons pour lesquelles le terme C a été supposé susceptible de devenir négatif. Néanmoins, l'influence de la vitesse de déformation tend à échauffer le matériau et donc à limiter la transformation de phase. Ceci qui tend à démontrer l'intérêt d'étendre par la suite le modèle par la prise en compte des effets thermiques.

Historiquement, la loi de Cowper et Symonds permettait de recaler la courbe d'écrouissage à la courbe expérimentale. Dans le cas de cette étude, ces paramètres n'ont pas été identifiés et il serait nécessaire d'introduire plus en détail l'effet de cette variable sur la cinétique de transformation. La perspective de modifier la formulation de la cinétique sera dissertée en conclusion du mémoire.

3   Identification paramétrique par méthodes inverses

L'analyse des méthodes expérimentales de caractérisation des modèles proposés conduit à envisager l'extraction des paramètres constitutifs. Dans un premier temps, on proposera une méthodologie utilisant les réponses obtenues sur des essais homogènes. Ces résultats seront par la suite corrélés par utilisation d'un code d'identification utilisant une méthode basés sur ces algorithmes génétiques conduisent à la connaissance de ces paramètres [62]. Dans le chapitre suivant, on présentera une autre méthode inverse basée sur l'utilisation d'un code élément finis et d'un algorithme d'optimisation quadratique (méthode SQP). Cette approche permettra de s'affranchir de la notion de monotonie et d'homogénéité des sollicitations et d'obtenir les paramètres correspondant au mieux à la réponse expérimentale associée. Dans ce qui suit, on ne présentera que les grandes lignes des méthodes envisagées et le lecteur désirant approfondir ses connaissances sur les méthodes d'optimisations et d'identifications pourra se référer à [44][45][42].

3.1   Problèmes inverses

D'une manière générale, on appelle problème inverse tout problème consistant à déduire certaines données physiques ou géométriques du problème initial (problème direct) utilisant comme donnée supplémentaire un ou des résultats du problème direct, analysés ou expérimentaux. Un problème inverse est donc obtenu en intervertissant une (ou plusieurs) donnée(s) avec un (ou plusieurs) résultat(s) du problème direct de référence.

3.2 Identification par algorithmes génétiques - Méthodes d'ordre 0

Il a été montré que dans le cas d'essais à triaxialité imposée, i.e. $\chi = cste$, qu'il est possible d'intégrer les lois constitutives du comportement. Par intégration de la cinétique de transformation, la fraction volumique de phases produites est donnée par

$$z = z_0 + (z_\infty - z_0)(1 - e^{-(a+b\chi)^n(\bar{\varepsilon} - \varepsilon_{act})}) \tag{4.2}$$

où z_0, z_∞, a, b, n sont des paramètres matériaux à identifier. Le taux de triaxialité étant fixé par l'essai considéré, la seule variation (imposée) de la déformation plastique équivalente $\bar{\varepsilon}$ permet de connaître la proportion de phase produite. Cette relation influence alors directement la contrainte d'écoulement (aussi bien dans le cas des aciers TRiP que ASS) qui est également fonction de la déformation plastique cumulée, soit

$$\sigma_y = \left(K_\gamma(\bar{\varepsilon}^p)^{n_\gamma} + zK_\zeta(\bar{\varepsilon}^p)^{n_\zeta}\right)(1 + C(T)(\dot{\bar{\varepsilon}})^{p(T)}) \tag{4.3}$$

dans le cas des aciers TRiP, ainsi que

$$\sigma_y = \left((1-z)K_\gamma(\bar{\varepsilon}^p)^{n_\gamma} + zK_\zeta(\bar{\varepsilon}^p)^{n_\zeta}\right)(1 + C(T)(\dot{\bar{\varepsilon}})^{p(T)}) \tag{4.4}$$

pour les aciers austénitiques métastables. De la même manière, on désire identifier les paramètres matériaux K_i, n_i, C, p nécessaires à l'évaluation de l'écrouissage isotrope. Dans le cas où l'on désire prendre en compte l'influence de l'écrouissage sur le module d'élasticité, il est possible de reprendre l'équation définie par

$$E(z) = E_0 + (E_\infty - E_0)(1 - e^{-\beta z^q}) \tag{4.5}$$

où E_0, E_∞, β et q sont de nouveaux paramètres à identifier. Afin d'identifier cet ensemble de paramètres, on propose alors en corrélation avec des essais correspondant à des triaxialités imposées, d'utiliser des méthodes d'identifications d'ordre 0, i.e. des méthodes ne nécessitant pas de calculs de dérivées mais uniquement des évaluations de la fonction objectif caractéristique du problème d'identification à résoudre.

3.2.1. Définition de la fonction objectif

Afin d'identifier les paramètres du modèle de comportement, il est nécessaire de définir la fonction objectif nécessaire pour l'identification. On choisit d'opter pour la somme de fonctions quadratiques adimensionnelles représentant l'écart des points numériques aux courbes expérimentales, soit

$$F_{Obj} = \alpha \sum_{j=1}^{nbc} \sqrt{\frac{1}{n} \sum_{i=1}^{n} \left(\frac{R_{ij}^{exp} - R_{ij}^{num}}{\sigma^y} \right)^2} + \beta \sum_{j=1}^{nbc} \sqrt{\frac{1}{m} \sum_{i=1}^{m} \left(\frac{z_{ij}^{exp} - z_{ij}^{num}}{z_j^{\infty}} \right)^2}$$
$$+ \gamma \sum_{j=1}^{nbc} \sqrt{\frac{1}{n} \sum_{i=1}^{p} \left(\frac{E_{ij}^{exp} - E_{ij}^{num}}{E^0} \right)^2} \qquad (4.6)$$

Où R_{ij}^{exp} et R_{ij}^{num} représentent respectivement les points expérimentaux et numériques (équation 4.3 ou 4.4) de la contrainte d'écoulement au i-ème point considéré pour l'essai j (où nbc représentent le nombre d'essais) et σ_j^y représente la limite élastique. z_{ij}^{exp} et z_{ij}^{num} représentent l'évolution expérimentale et numérique (équation 4.2) de la fraction volumique de phase produite, z_j^{∞} défini la fraction de saturation à l'essai j. E_{ij}^{exp} et E_{ij}^{num} définissent les valeurs du module d'élasticité expérimentales et numériques (équation (4.5)), alors que E^0 est le module d'young initial du matériau non-écroui. Les coefficients α, β et γ sont des coefficients de pondération permettant de faire varier l'influence relative des différents termes par rapport aux autres.

Il est à noter que deux des trois termes de cette fonction sont dépendant du troisième terme. En effet, l'évolution de la fraction volumique de phase influe directement sur l'évolution de l'écrouissage isotrope ainsi que sur la variation du module d'élasticité. Il est donc nécessaire d'évaluer tout d'abord la variation de la fraction (4.2) puis de l'utiliser dans l'évaluation des relations (4.5) et (4.3) ou (4.4).

3.2.2. Implantation numérique à l'aide de GENOCOP

L'implémentation numérique des méthodes génétiques a déjà été réalisée par [68] pour l'optimisation des procédés d'hydroformage. Cette implantation a été effectuée à l'aide du programme GENOCOP III (GEnetic algorithm for Numerical Optimization of COnstrained Problems) développé en langage C par Michalewicz et Nazhiyath [87]. L'utilisation de GENOCOP est simple puisqu'il se présente sous la forme d'une boîte noire où l'on introduit la fonction objectif ainsi que les contraintes et bornes des paramètres à identifier.

3.2.3. Avantages et inconvénients de l'approche

Il est clair que les méthodes génétiques (ou méthodes globales) possèdent un grand avantage vis à vis des méthodes locales, elles ne nécessitent pas l'évaluation des gradients des fonctions objectifs et donc de calculs de sensibilités. Cependant, du fait de leur principe pour des problèmes fortement non-linéaire et possédant un très grand nombre de paramètres, le nombre d'itérations nécessaires pour l'identification peut devenir rapidement prohibitif.

De plus, une hypothèse majeure a été faite quant l'homogénéité des essais. En effet, l'identification se fait à triaxialité et déformations imposées. Or dans la majeure partie des cas, les essais expérimentaux ne sont pas homogènes. Cependant, la méthode sera appliquée sur un acier TRIP700 et SS304 et on montrera que le jeu de paramètres obtenus permet de rendre compte avec une relative précision du comportement expérimental.

Par la suite, on s'orientera vers une autre approche pour l'identification des paramètres basée sur la corrélation des résultats expérimentaux obtenus sur des éprouvettes en croix et des résultats numériques obtenus grâce à un calcul éléments finis sur la structure complète. Cette approche sera détaillée et fera état de l'utilisation de méthodes locales.

3.2.4. Application sur un acier inoxydable métastable 304

On applique la méthode génétique à l'identification des paramètres du modèle associé à un acier inoxydable austénitique métastable de type 304 (10Ni-16Cr-0,5Mn-0,33P-0.25C). Les résultats d'identification sont obtenus à partir des évolutions des fractions de phases et de l'écrouissage sous diverses sollicitations (triaxialités) menées par Stringfellow et al. [111] à une température de 373K (environ la moitié de la température de fin de transformation ce cet alliage). Sur la figure 4.11, on représente les évolutions sous diverses sollicitations (triaxialités) correspondant aux résultats obtenus par le modèle proposé et Stringfellow [111].

On remarque que le modèle représente très correctement à suivre les résultats de Stringfellow, dans une plage de déformation pour des déformations n'excèdent pas les 60%. Pour un niveau de déformations plus important, l'introduction d'un critère d'adoucissement est nécessaire, soit par le biais d'un modèle d'endommagement. Les résultats bibliographiques présentés par Stringfellow permettent d'entrevoir une bonne capacité du modèle à reproduire la très grande majorité des phénomènes nécessaire à la modélisation.

De plus, on constate que le modèle est suffisamment robuste pour prédire la variation de la fraction de martensite à saturation associée à l'état de contraintes. Ceci pénalise naturellement le comportement de la structure sollicitée (figure 4.12).

Dans le cas de l'évolution du module d'Young, on présente des résultats conduisant à l'identification des paramètres du modèle. Cependant, les valeurs de ces sont à corriger paramètres sont illicites puisque n'ayant pas été identifiés dans les mêmes conditions thermiques que les essais, i.e. 373K. Malgré tout, on peut tout de même s'apercevoir que la variation est correcte. Les paramètres matériaux identifiés par

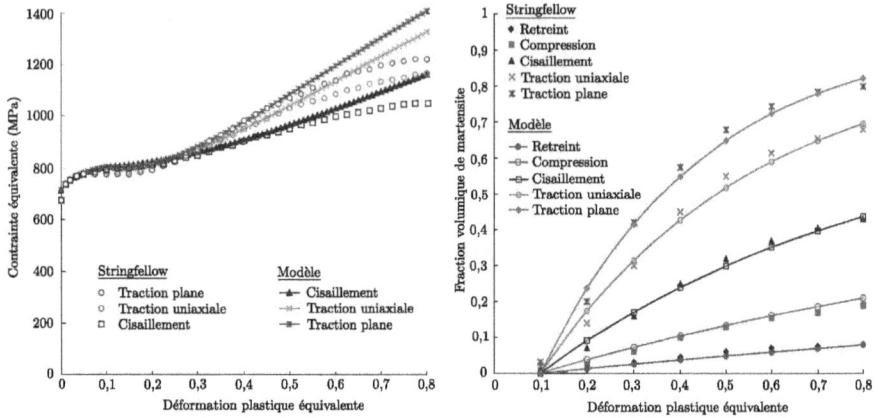

FIGURE 4.11 – *Résultats d'identification du modèle pour un acier inoxydable
métastable 304 et comparaison avec les résultats de [111].*

méthodes génétiques dans ces conditions, sont donnée par le tableau 4.3.

a	b	n	ε_{act}	a_0	a_1	σ_y (MPa)	K_γ(MPa)
1,1639	0,784726	2,2	0,1	1,3	1,63	675	900
n_γ	K_ζ(MPa)	n_ζ	ε_0	E_0 (GPa)	E_∞ (GPa)	β	q
0,05	1700	0,5	0,01	190	150	5	1,15
z_0	ν	H_0 (GPa)	H_∞ (GPa)	C	p	δ	γ
0	0,3	N/I	N/I	N/I	N/I	N/I	N/I

TABLE 4.3 – *Paramètres identifiés correspondant à un acier inoxydable 304
(température de 376K).*

Les paramètres relatifs à la dureté, à l'écrouissage cinématique et la sensibilité à la vitesse n'ont pas encore été identifiés (N/I) du fait de la non-disponibilité de moyens de mesure adéquats. Dans l'attente de
résultats expérimentaux complets, on utilisera par la suite ces paramètres pour la simulation des procédés de mise en forme.

3.2.5. Applications sur un acier TRiP700

L'identification des paramètres matériaux se fera par utilisation de résultats expérimentaux obtenus au
cours de la thèse, ainsi que de résultats expérimentaux donnés par Lani et al. [69] sur un acier TRiP350/700

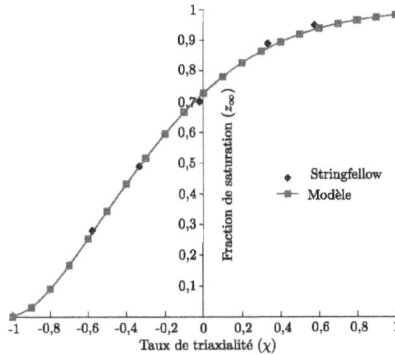

FIGURE 4.12 – *Evolution de la fraction de martensite à saturation z_∞.*

de composition standard (0,29C-1,5Mn-1,4Si), contenant 18% d'austénite résiduelle. Les paramètres identifiés sont résumés dans le tableau 4.4 et les évolutions du comportement sont présentées et comparées avec les résultats de Lani en accord avec l'approche expérimentale. Les paramètres identifiés permettent d'assez bien représenter l'écrouissage et l'évolution de la transformation, aussi bien lors d'un essai de traction plane que dans le cas de la traction uniaxiale (figure 4.13). Le modèle présenté tend a mieux prédire l'évolution de la transformation dans le cas d'un essai de traction plane par rapport aux résultats Lani et al. [69]. Ceux-ci montrent une sous-estimation des niveaux de contraintes atteint.

Cependant, les paramètres identifiés permettent de représenter au mieux les phénomènes d'écrouissage lors de sollicitations en traction simple et l'évolution de la transformation dans le cas précis de sollicitations en traction plane.

Comme il en a déjà fait état lors de la présentation des méthodes d'identification expérimentales, il est nécessaire d'avoir des informations sur au moins trois essais différents, i.e. à triaxialité différentes afin de pouvoir rendre compte correctement des paramètres du modèle.

Ces aspects expérimentaux sont en cours d'analyse et donnent lieu à des investigations. Néanmoins les paramètres identifiés ne modifient pas l'allure de la courbe d'écrouissage, i.e. l'influence de la transformation n'est pas sensible sur la courbe d'écrouissage. En effet, les aciers TRiP ne voient pas leur niveau de contraintes augmenter de manière importante avec la triaxialité et les essais expérimentaux en cours d'investigations devraient confirmer ce constat. On pourra alors dans la suite utiliser ces paramètres pour simuler les procédés de mise en forme, sans pour cela introduire une erreur supplémentaire, mais en prenant en compte la modification des propriétés élastiques pendant l'écrouissage. Dans la suite, on

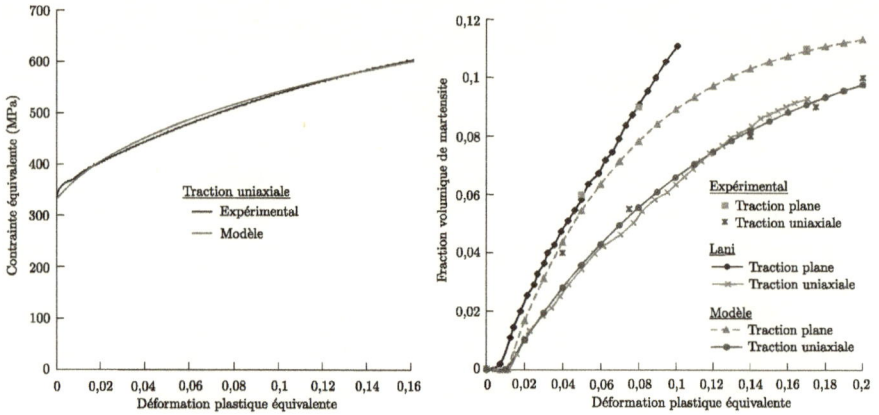

FIGURE 4.13 – *Comparaison des résultats numériques et expérimentaux obtenus par Lani et al.[69] et le modèle identifié*

a	b	n	ε_{act}	z_∞	σ_y (MPa)	K_γ (MPa)	n_γ
1,445	1,25	3,5	0,01	0,12	332	736,645	0.179
K_ζ (MPa)	n_ζ	ε_0	E_0 (GPa)	E_∞ (GPa)	β	q	z_0
1092	0,244	0,0117	202	164,85	129,3	1,68	0
ν	H_0 (GPa)	H_∞ (GPa)	C	p	δ	γ	
0,3	N/I	N/I	N/I	N/I	N/I	N/I	

TABLE 4.4 – *Paramètres identifiés sur un acier TRiP350/700 à température ambiante*

présentera l'identification des paramètres d'évolution viscoélastique du module d'Young dans le cas des résultats de Morestin [91].

3.3 Identification de l'évolution du module d'élasticité d'après les résultats expérimentaux de Morestin

Dans le chapitre d'introduction, on s'est attaché à présenter les études préliminaires de Morestin et Boivin [91] conduis à l'analyse de l'évolution du module d'élasticité sur certains aciers durant la déformation. Afin de valider le modèle d'évolution du module d'Young avec la déformation, et cela pour des matériaux n'exhibant pas de transformation de phase, on utilise les méthodes génétiques permettant de remonter aux paramètres des modèles présentés précédemment. Dans le cas de ces matériaux, la modélisation aboutie à l'équation suivante

$$E = E_0 + (E_\infty - E_0)(1 - e^{-a_1(\bar{\varepsilon}-\varepsilon_{act})^{a_2}})$$ (4.7)

On utilise alors le module d'identification basé sur les méthodes génétiques afin d'identifier les paramètres E_0, E_∞, a_1, a_2 et ε_{act}.

Dans un premier temps on applique la méthode sur des aciers de type XE280D et XC38. Les paramètres identifiés sont donnés dans le tableau 4.5 et la comparaison de l'évolution des modules est représentée sur la figure 4.14.

Acier	E_0 (GPa)	E_∞ (GPa)	a_1	a_2	ε_{act}
XE280D	215	181	80	1,1	0
XC38	200	175	60	0,92	0,01

TABLE 4.5 – *Paramètres relatifs à la variation du module d'Young pour les aciers XE280D et XC38 (à partir des résultats expérimentaux de Morestin [91]).*

Sur cette figure, on a aussi représenté le modèle proposé par Morestin consistant à interpoler linéairement l'évolution du module d'Young. Il vient une amélioration de la prise en compte du phénomène par utilisation de la relation (4.7).

Un autre aspect souligné par Morestin est relatif à la restauration des propriétés élastiques avec le temps. Dans le cas des aciers XE280D, on n'a pas constaté une restauration importante du module d'Young.

Par contre dans le cas des aciers A33 et XC38, on obtient une restauration quasi-totale du module d'élasticité avec le temps. Dans ce cas, la modélisation a été améliorée et permet de rendre compte du phénomène de restauration en considérant un module d'Young à saturation donné par

$$E_\infty(t) = E_\infty^0(1 - e^{-(\frac{t}{\tau})^{n_1}})$$ (4.8)

Il en résulte alors la nécéssité d'identifier les paramètres matériaux E_∞^0, τ et n_1 en fonction du temps t. On donne dans le tableau 4.6, la valeur des paramètres relatifs à la modification et à la restauration du module d'Young pour un acier A33.

La figure 4.15 relate la comparaison entre les résultats proposés par Morestin et le modèle proposé dans le chapitre précédent. Par la suite, la prise en considération de l'évolution du module d'Young permettra d'analyser l'influence de ce paramètre sur le retour élastique ainsi que sur le comportement modal des

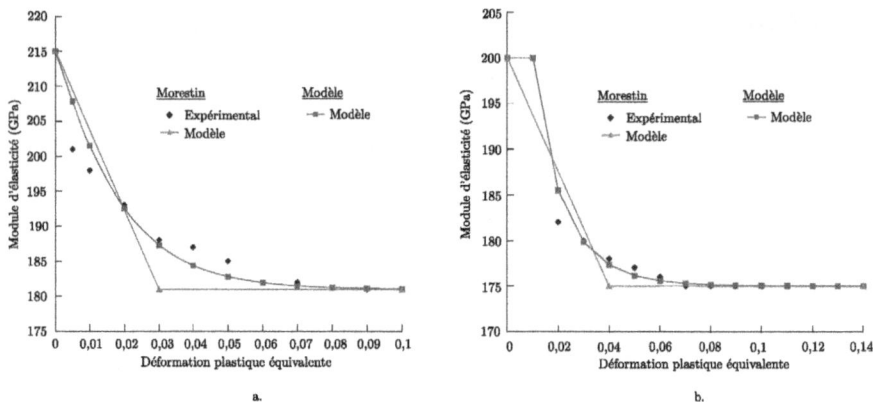

FIGURE 4.14 – *Comparaison entre modèles et expériences sur l'évolution du module d'Young : a) acier XE280D - b) acier XC38*

Acier	E_0 (GPa)	E_∞^0 (GPa)	a_1	a_2	ε_{act}	τ	n_1
A33	202	191	50	1	0,01	0,2	0,27

TABLE 4.6 – *Paramètres relatifs à la variation du module d'Young pour un acier A33 (à partir des résultats expérimentaux de Morestin [91]).*

composants après mise en forme. Ces études seront menées dans le cadre du chapitre 6.

4 Conclusions et perspectives

La présentation des méthodes expérimentales a été décrite et détaillée. Les essais de traction simple, des analyses métallographiques, des analyses de vibrométries et des essais de gonflement ont été employés et ont pu aboutir aux constatations énoncées. Dans le cas de l'essai de gonflement, il sera nécessaire d'automatiser le procédé afin de pouvoir imposer une consigne en taux de déformations fixe et un chemin de pression parfaitement maîtrisé. La méthode vibrométrique a quant à elle été tout particulièrement mise au point pour l'identification de la variation des propriétés élastiques. Dans le cas où la relation entre module d'Young et transformation de phase est démontrée, elle pourra être utilisée pour caractériser l'évolution moyenne de la transformation et cela pour des essais à triaxialités imposées.

Pour ce qui est de l'identification de l'évolution de la transformation, plusieurs méthodes ont été abordées. Trois méthodes semblent cependant se dégager : la perméabilité magnétique, la diffraction de

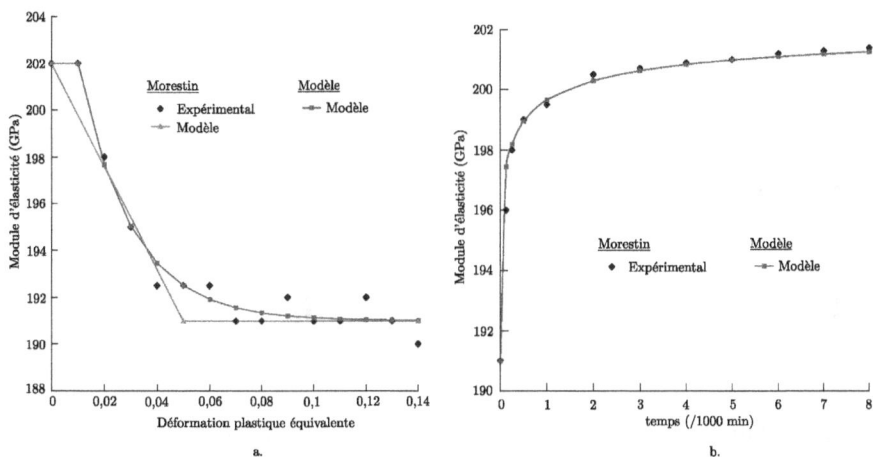

FIGURE 4.15 – *Identification des paramètres liés à la modification (a) et à la restauration (b) du module d'Young dans le cas d'un acier A33.*

rayons X et la spectrométrie Mössbauer. Il sera donc nécessaire d'effectuer des investigations approfondies de tels moyens expérimentaux pour caractériser la transformation de phase. En effet, la caractérisation métallographique est utilisable mais longue et fastidieuse pour réaliser l'identification complète de la transformation de phase. Elle peut par contre retenue pour l'identification des proportions de phases initiales, i.e. sur un échantillon non écroui.

Pour caractériser correctement le comportement des aciers TRiP et ASS, il est nécessaire d'utiliser des essais à déformations imposées, pour des triaxialités différentes des essais de traction simple et de gonflement. On propose alors la mise en place d'essais biaxiaux ou de cisaillement pour finaliser la caractérisation du comportement des aciers TRiP et ASS. La mise en place de tels essais est à l'heure actuelle à l'étude et fera l'objet de développements ultérieurs à cette thèse.

Les essais de flexion cyclique sont eux aussi en cours d'investigations afin de permettre d'identifier les paramètres relatifs à l'écrouissage cinématique. La machine de flexion cyclique permettra ainsi d'obtenir un moyen de caractérisation du comportement sous sollicitations cycliques des tôles minces.

A partir du moment seront applicables, il sera alors possible d'identifier l'intégralité du modèle de comportement des aciers à effet TRiP par utilisation des modules d'identification par méthodes génétiques ou déterministes (méthodes à gradient, SQP...). Les paramètres ainsi obtenus pourront alors être utilisés pour simuler les procédés de mise en forme et de prédire la formabilité et le comportement des composants désirés. Dans le chapitre suivant, on s'attache à l'implantation des modèles de comportement développés dans les chapitres précédents, dans le cadre de la méthode des éléments finis.

Chapitre 5

Discrétisation éléments finis

Le comportement matériel décrit dans le chapitre 4 est implanté en premier lieu dans le code éléments finis Polyform© développé par l'équipe Modélisation et Mise en Forme du Laboratoire de Mécanique Appliquée de Besançon. Pour la simulation de la mise en forme des structures minces, ce code éléments finis est basé sur une résolution statique implicite ou dynamique transitoire explicite, pour la simulation des procédés d'emboutissage et d'hydroformage, en utilisant des éléments de type coques spatiales [14]. Dans la suite, on ne présentera que les éléments importants à la compréhension de l'implantation du modèle de comportement dans le code éléments finis.

Cependant, le lecteur intéressé par le travail de fond réalisé sur la simulation des procédés de mises en forme à l'aide du logiciel Polyform peut se reporter aux travaux de Boisse [14], Boulmane [20], Boubakar [16][18][17] et Daniel [28]. Afin de permettre au lecteur de suivre précisément la démarche suivie, on rappellera les notions utiles à connaître pour l'intégration de la loi de comportement proposée. Le modèle de comportement est aussi implanté dans le code LS-DYNA® développé par la société LSTC, du fait de la possibilité qu'offre ce code vis à vis de l'étendue des applications (emboutissage, crash,...) et de ses capacités vis à vis du calcul parallèle.

1 Intégration dans la code de dynamique explicite Polyform©

Dans cette partie, on présente les notions essentielles d'une résolution d'un problème éléments finis par une intégration de type dynamique transitoire.

1.1 Résolution des équations de mouvement par une intégration dynamique explicite

Le chapitre 3 a introduit l'équation de conservation de la quantité de mouvement :

$$div\,\underline{\sigma} + \rho f = \rho \gamma \tag{5.1}$$

La formulation faible de (5.1), après multiplication d'une fonction test η satisfaisant les conditions aux limites homogènes, est donnée par

$$\int_\Omega div\underline{\sigma}\eta dV + \int_\Omega \rho f\eta dV = \int_\Omega \rho \frac{dv}{dt}\eta dV, \quad \forall \eta | \eta = 0 \, \mathrm{sur} \, \Gamma_u \tag{5.2}$$

Par utilisation du théorème de la divergence puis des conditions aux limites naturelles, il vient

$$\int_\Omega \underline{\sigma} : \underline{\nabla}\eta dV + \int_\Omega \rho \frac{dv}{dt}\eta dV = -\oint_{\partial\Omega} \underline{\sigma}.n\eta dS - \int_\Omega \rho f\eta dV = \tag{5.3}$$

La méthode de Galerkine est utilisée pour la discrétisation, les champs de déplacement et les fonctions tests sont interpolées en utilisant les relations matricielles

$$\{u\} = [N(x)]\{u^e(t)\} \quad \{\eta\} = [N(x)]\{\eta^e(t)\} \tag{5.4}$$

où [N] représente la matrice des fonctions d'interpolations qui n'est fonction que des variables d'espaces alors que $\{u^e\}$ le vecteur des déplacements nodaux est fonction exclusive du temps. Il en résulte alors que le vecteur des vitesses s'écrit sous la forme :

$$\{v\} = [N]\{\dot{u}^e\} \tag{5.5}$$

Le champ des déformations est quant à lui donné par

$$\{\underline{\varepsilon}\} = \left[\underline{\nabla}^s N\right]\{u^e\} \tag{5.6}$$

et le champ des contraintes est obtenu par utilisation de la relation de Hooke, soit

$$\underline{\sigma} = \underline{\underline{C}}^e : \underline{\varepsilon} \tag{5.7}$$

où $\underline{\underline{C}}^e$ est la matrice de comportement élastique. Il vient alors

$$[M] = A^e \int_{\Omega^e} \rho [N]^T [N] \, dV \tag{5.8}$$

où [M] est la matrice masse et A^e représente l'opérateur d'assemblage sur l'ensemble des éléments e. On définit alors la matrice de raideur tangente [K] par la relation suivante :

$$[K] = A^e \int_{\Omega^e} \left[\underline{\nabla}^s N\right]^T \left[\underline{\underline{C}}\right] \left[\underline{\nabla}^s N\right] \, dV \tag{5.9}$$

Ces deux matrices sont réelles, symétriques et définies positives. On introduit le vecteur des efforts nodaux $\{F^e\}$ à partir de la relation suivante :

$$\{F^e\} = A^e \int_{\Omega^e} \rho [N]^T \{f\} \, dV + A^e \oint_{\partial\Omega^e} [N]^T \{\overline{t}\} \, dS \tag{5.10}$$

Il vient alors sous forme condensée, l'expression suivante

$$[M]\{\ddot{u}^e\} + [K]\{u^e\} = \{F^e\} \tag{5.11}$$

On obtient ainsi un système différentiel non-linéaire du second ordre à résoudre. Cette équation matricielle de dynamique transitoire est résolue en utilisant des méthodes adaptées à ce type de problème. On présente dans la suite, la méthode de résolution par une intégration explicite.

1.2 Diagonalisation de la matrice masse

Dans ce qui a été développé, la structure de la matrice masse a été définie. Dans le cas où celle-ci est diagonale, le système est découplé et aucune inversion matricielle n'est nécessaire. Dans le cas contraire, la résolution peut toujours être menée par une méthode explicite de type Newmark mais s'avère moins avantageuse. La matrice masse diagonale définie dans le code Polyform© est obtenue en considérant une distribution de la masse aux noeuds du maillage éléments finis en conservant l'énergie cinétique complète de la structure (traitement différencié des degrés de libertés de translation et de rotation).

1.3 Détermination du pas de temps stable et condition de stabilité

La résolution par une méthode explicite avec matrice de masse diagonale présente l'avantage de ne pas inverser de matrice. Cependant cette méthode est conditionnellement stable, i.e. le pas de temps doit être limité pour satisfaire les conditions de stabilité. La condition de Courant-Friedrich-Levy permet de définir le plus petit pas de temps stable nécessaire à la résolution du problème.

1.3.1. Condition de Courant-Friedrich-Levy

En considérant l'expression de l'équation de mouvement pour une barre de longeur l orientée par l'axe des abscisses x, on obtient

$$\frac{\partial^2 u}{\partial t^2} = c^2 \frac{\partial^2 u}{\partial x^2} \tag{5.12}$$

où c est la vitesse de propagation dans le milieu définie par

$$c^2 = \frac{E}{\rho} \tag{5.13}$$

Dans le cas d'un algorithme dynamique explicite, la condition de stabilité de Courant-Friedrich-Levy (pas de temps stable) s'énonce pour une barre de longueur l, sous la forme :

$$\Delta t \leqslant \frac{l}{c} \tag{5.14}$$

Cette condition peut être énoncée par le fait que *le pas de temps Δt doit être inférieur au temps nécessaire à l'onde acoustique pour traverser la barre de longueur l à la vitesse de propagation c*. Dans le cas d'un calcul éléments finis, cela signifie que le pas de temps calculé ne doit pas permettre à l'onde de se propager dans plus d'un élément (d'un corps déformable) à la fois. Dans le cas des éléments coques, la condition de stabilité est donnée par utilisation de l'équation (5.14) où la vitesse de propagation définie par

$$c = \sqrt{\frac{E}{\rho(1 - v^2)}} \tag{5.15}$$

Le terme $E/(1-v^2)$ étant associé à l'hypothèse de contraintes planes utilisée pour les coques minces. Compte-tenu de la résolution découplée des équations de la dynamique associée à l'algorithme explicite, la longueur caractéristique est donc donnée par l'élément de plus petite longueur ou de côté. Il en résulte que dans le cas d'un élément coque ayant une longueur caractéristique identique à un élément barre, la condition CFL est plus restrictive.

1.4 Réflexions

Dans le cas, où la condition de stabilité est satisfaite, le calcul peut en théorie être mené à bien. Cependant, les pas de temps calculés sont souvent très inférieurs aux pas de temps associés de la méthode implicite. Celle-ci possédant l'avantage d'être inconditionnellement stable. La possibilité d'utiliser des méthodes implicites se pose alors pour la résolution de ces problèmes. Cependant, des problèmes majeurs associés aux instabilités provenant de la flexibilité des structures minces, dans le cas fortement non-linéaire géométrique, et des contacts avec les outillages rendent les méthodes implicites difficilement exploitables industriellement. Les méthodes explicites sont donc largement employés dans les codes commerciaux pour la simulation des procédés de mise en forme des structures minces tel que l'emboutissage.

Il est néanmoins nécessaire de décrire le comportement des aciers à transformations dans les procédés de mise en forme, puis le comportement de ces mêmes aciers vis à vis de la tenue en service. Il est donc nécessaire d'utiliser des méthodes d'intégration des lois de comportement fiables et rapides car le temps de résolution d'un problème explicite est directement proportionnel au nombre de points d'intégration utilisés. Dans la suite, on s'attachera donc à présenter la méthode d'intégration numérique basée sur l'algorithme du retour radial.

2   Intégration du modèle de comportement des aciers à transformations martensitiques

Suivant la méthode incrémentale associée au schéma itératif de Newton, le problème à résoudre consiste en l'actualisation du comportement du matériau de façon cohérente avec les équations constitutives, à partir de l'incrément de déformation totale $\Delta\underline{\varepsilon}$ résultant de la résolution du problème transitoire. Dans le cas du comportement avec transformation de phase, le comportement entre les instants t_n et t_{n+1} dérive des lois de comportement données par la modélisation.

2.1 Préambule

Dans le chapitre 3, on a défini l'expression de l'évolution de la fraction de phase à partir de la cinétique de la déformation plastique cumulée $\dot{\bar{\varepsilon}}$. Or dans le cas d'une expression standard, la fonction de charge au sens de von Mises ou Hill quadratique est donnée par

$$f := \sqrt{\frac{3}{2}\underline{\sigma} : \underline{\underline{H}} : \underline{\sigma}} - (\sigma_y + R) = 0 \tag{5.16}$$

et le multiplicateur de plasticité correspond à la vitesse de déformation plastique cumulée $\dot{p}$. Dans le cas quadratique général, l'increment de déformation équivalente est définie par

$$\Delta\bar{\varepsilon} = \sqrt{\frac{2}{3}}\Delta\lambda\bar{\sigma} \tag{5.17}$$

Il en résulte l'expression de la cinétique de transformation donnée sous la forme incrémentale par

$$z_{n+1} = z_n + \sqrt{\frac{2}{3}}\Delta\lambda\bar{\sigma}\left(a + b(\chi(z))\right)^n (z_\infty - z_{n+1}) \tag{5.18}$$

2.2 Lois incrémentales élasto-dissipatives

La transformation de phase pouvant avoir lieu pour des chargements anisothermes mais pour des déformations plastiques faibles, on fait l'hypothèse de processus découplés entre élasticité et plasticité, néanmoins l'influence de la transformation peut modifier Le comportement élastique comme on en a fait état lors de la modélisation. En considérant tout d'abord la plasticité, i.e. que l'influence de la transformation sur le module d'élasticité est fixée, l'application du schéma du point milieu généralisé permet d'obtenir les lois incrémentales sur un pas de temps $\Delta t_{n+1} = t_{n+1} - t_n$:

$$\underline{\sigma}_{n+1} = \underline{\sigma}_n + \underline{\underline{C}}^e(z) : \Delta\underline{\varepsilon} - \Delta\lambda\underline{\underline{C}}^e(z) : \underline{\underline{H}} : \left(\underline{\sigma} - \underline{X}\right)_{n+\zeta} \tag{5.19}$$

$$\underline{X}_{n+1} = \underline{X}_n + \delta\Delta\lambda\underline{\underline{H}} : \left(\underline{\sigma} - \underline{X}\right)_{n+\zeta} - \Delta\lambda\gamma\underline{\underline{H}} : \underline{X}_{n+\zeta} \tag{5.20}$$

$$z_{n+1} = z_n + \sqrt{\frac{2}{3}}\Delta\lambda\bar{\sigma}\left(a + b(\chi(z))\right)^n (z_\infty - z_{n+1}) \tag{5.21}$$

où $\zeta \in [0,1]$ est un paramètre associé à la règle du point milieu généralisée. Krieg [66] puis Ortiz et Simo [98][106] montrent que le cas d'une intégration implicite ($\zeta = 1$) conduit à un algorithme inconditionnellement stable et précis et cela même dans le cas où la surface de charge n'est pas régulière [29][17][3]. On fait alors le choix d'un algorithme implicite et il vient

$$\underline{\sigma}_{n+1} = \underline{\sigma}_n + \underline{\underline{C}}^e(z) : \Delta\underline{\varepsilon} - \Delta\lambda\underline{\underline{C}}^e(z) : \underline{\underline{H}} : \left(\underline{\sigma} - \underline{X}\right)_{n+1} \tag{5.22}$$

$$\underline{X}_{n+1} = \underline{X}_n + \delta\Delta\lambda\underline{\underline{H}} : \left(\underline{\sigma} - \underline{X}\right)_{n+1} - \Delta\lambda\gamma\underline{\underline{H}} : \underline{X}_{n+1} \tag{5.23}$$

$$z_{n+1} = z_n + \sqrt{\frac{2}{3}}\Delta\lambda\bar{\sigma}\left(a + b(\chi(z))\right)^n (z_\infty - z_{n+1}) \tag{5.24}$$

Ainsi, l'actualisation des variables à la fin de l'incrément de temps dépend de l'expression de $(\underline{\sigma} - \underline{X})_{n+1}$. Par la suite on choisi d'utiliser un schéma prédicteur-correcteur pour résoudre le problème, il est donc nécessaire d'exprimer les équations (5.22)-(5.24) en fonction de la contrainte d'essai élastique (prédiction) définie par

$$\underline{\sigma}^{\star}_{n+1} = \sigma_n + \underline{\underline{C}}^e(z) : \Delta\underline{\varepsilon}_{n+1} \tag{5.25}$$

L'équation (5.22) permet de rendre compte d'un schéma prédicteur-correcteur. En effet, l'interprétation graphique de cet algorithme (ou algorithme du retour-radial) est donnée sur la figure (5.1). Dans le cas où le critère de charge n'est pas respecté, il est nécessaire d'effectuer une correction plastique, la contrainte d'essai est alors projetée sur la surface de charge dans la direction de sa normale (retour radial dans le cas où la surface de charge est cylindrique ou circulaire). La normale à la surface de charge étant définie dans le cas général par

$$\underline{n} = \frac{\partial f}{\partial \underline{\sigma}_{n+1}} \tag{5.26}$$

L'algorithme du retour radial a été très largement étudié et il est du en premier lieu à Krieg [66], a été étendu par Simo et Taylor [107][108]. Krieg et Krieg [66], Loret et Prevost [79], Ortiz et Popov [97] montrent que dans le cas de la plasticité classique l'algorithme du retour radial est précis au second ordre, ce qui constitue sa supériorité par rapport à d'autres schémas [106].

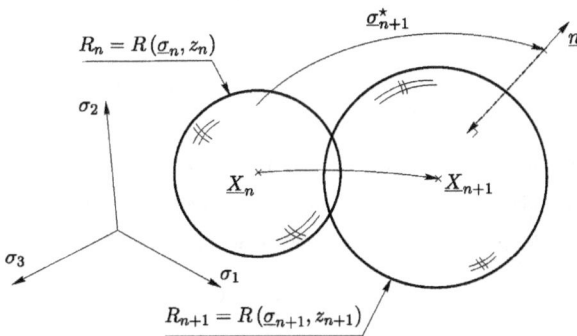

FIGURE 5.1 – *Algorithme du retour radial associé à un schéma*
prédicteur-correcteur

A partir de ces relations, il est nécessaire d'exprimer sous forme incrémentale les variables internes en fin d'incrément par rapport aux variables internes en début d'incrément et du multiplicateur plastique.

2.3   Expression des lois incrémentales

En reprenant l'expression (5.23), il vient en premier lieu

$$\underbrace{[\underline{\underline{I}} + \delta\Delta\lambda\underline{\underline{H}}]}_{\underline{\underline{\Lambda}}^{-1}} : \underline{X}_{n+1} = \underline{X}_n - \delta\Delta\lambda\underline{\underline{H}} : \underline{X}_{n+1} + \delta\Delta\lambda\underline{\underline{H}} : \underline{\sigma}_{n+1} \tag{5.27}$$

où $\underline{\underline{I}}$ représente l'opérateur identité du quatrième ordre définit par

$$\underline{\underline{I}}_{ijkl} = \frac{1}{2}(\delta_{ik}\delta_{jl} + \delta_{il}\delta_{jk}) \tag{5.28}$$

tandis que δ_{ij} est le tenseur de Krönecker donné par

$$\delta_{ij} = \begin{cases} 1 & \text{si } i = j \\ 0 & \text{si } i \neq j \end{cases} \tag{5.29}$$

Il vient alors

$$\underbrace{[\underline{\underline{I}} + \gamma\Delta\lambda\underline{\underline{\Lambda}} : \underline{\underline{H}}]}_{\underline{\underline{Y}}^{-1}} : \underline{X}_{n+1} = \underline{\underline{\Lambda}} : \underline{X}_n + \delta\Delta\underline{\underline{\Lambda}} : \underline{\underline{H}} : \underline{\sigma}_{n+1} \tag{5.30}$$

Il s'en suit $(\underline{\sigma} - \underline{X})_{n+1}$, soit

$$(\underline{\sigma} - \underline{X})_{n+1} = \underline{\underline{U}} : \underline{\sigma}_{n+1} - \underline{\underline{Y}} : \underline{\underline{\Lambda}} : \underline{X}_n \tag{5.31}$$

Avec $\underline{\underline{U}} = \underline{\underline{I}} - \delta\Delta\lambda\underline{\underline{Y}} : \underline{\underline{\Lambda}} : \underline{\underline{H}}$. Par utilisation de la relation (5.22), il vient

$$\underline{\sigma}_{n+1} = \underbrace{\underline{\sigma}_n + \underline{\underline{C}}^e(z) : \Delta\underline{\varepsilon}}_{\underline{\sigma}_{n+1}^\star} - \Delta\lambda\underline{\underline{C}}^e(z) : \underline{\underline{H}} : \left(\underline{\underline{U}} : \underline{\sigma}_{n+1} - \underline{\underline{Y}} : \underline{\underline{\Lambda}} : \underline{X}_n\right) \tag{5.32}$$

Soit, finalement

$$\underline{\sigma}_{n+1} = \underbrace{[\underline{\underline{I}} + \Delta\lambda\underline{\underline{C}} : \underline{\underline{H}} : \underline{\underline{U}}]^{-1}}_{\underline{\underline{W}}} : \left[\underline{\sigma}_{n+1}^\star + \Delta\lambda\underline{\underline{C}} : \underline{\underline{H}} : \underline{\underline{Y}} : \underline{\underline{\Lambda}} : \underline{X}_n\right\} \tag{5.33}$$

Dans le cas où l'influence de l'écrouissage cinématique n'est pas prise en compte (ou négligeable par rapport aux autres phénomènes), les opérateurs $\underline{\underline{W}}, \underline{\underline{Y}}, \underline{\underline{U}}$ se réduisent à l'opérateur identité du quatrième ordre et $\underline{\underline{\Lambda}}$ est appelé opérateur élastique modifié comme défini dans [106] par

$$\underline{\underline{\Lambda}}^{-1} = \underline{\underline{C}}^{-1} + \Delta\lambda\underline{\underline{H}} \tag{5.34}$$

De l'équation (5.33), il en découle que la connaissance du multiplicateur plastique $\Delta\lambda$ et de l'incrément de fraction de martensite Δz permet de remonter à toutes les variables internes considérées et donc aux contraintes à l'instant t_{n+1}. On peut en déduire que la seule connaissance de ces deux scalaires permet d'obtenir la mise à jour des variables internes. L'expression de la surface de charge est alors donnée par

$$f(\Delta\lambda, \Delta z) := \frac{1}{2}\underline{\sigma}_{n+1} : \underline{\underline{H}} : \underline{\sigma}_{n+1} - \frac{1}{3}(\sigma_y + R)^2 = 0 \tag{5.35}$$

Le problème initial est donc remplacé par la recherche de la racine d'une fonction non-linéaire en $\Delta\lambda$ et Δz puisque l'écrouissage isotrope ainsi que le comportement élastique dépendent de la transformation de phase. De plus par utilisation de la relation (5.18), il est possible de définir une seconde relation non-linéaire fonction du multiplicateur de plasticité et du multiplicateur de transformation Δz, soit

$$g(\Delta\lambda, \Delta z) := \Delta z - \Delta\lambda(a + b\chi(z))^n(z_\infty - z_{n+1}) = 0 \tag{5.36}$$

On considère alors qu'il existe un système différentiel non-linéaire a deux variables indépendantes en $\Delta\lambda$ et Δz. Pour résoudre, ce problème, on utilise la méthode de Newton. Il vient donc par décomposition en série de Taylor au premier ordre de f et de g, le système différentiel du second ordre fonction des itérés de $\delta\Delta\lambda_{n+1}^{i+1}$ et $\delta\Delta z_{n+1}^{i+1}$ à l'itération $(i+1)$, soit

$$\begin{pmatrix} \dfrac{\partial f}{\partial\Delta\lambda} & \dfrac{\partial f}{\partial\Delta z} \\ \dfrac{\partial g}{\partial\Delta\lambda} & \dfrac{\partial g}{\partial\Delta z} \end{pmatrix}^{(i)} \begin{pmatrix} \delta\Delta\lambda_{n+1} \\ \delta\Delta z_{n+1} \end{pmatrix}^{(i+1)} = -\begin{pmatrix} f \\ g \end{pmatrix}^{(i)} \tag{5.37}$$

avec

$$\begin{cases} \Delta\lambda_{n+1}^{i+1} &= \Delta\lambda_{n+1}^i + \delta\Delta\lambda_{n+1}^{i+1} \\ \Delta z_{n+1}^{i+1} &= \Delta z_{n+1}^i + \delta\Delta z_{n+1}^{i+1} \end{cases} \tag{5.38}$$

Il est ainsi nécessaire de définir les gradients des fonctions f et g par rapport aux incréments $\Delta\lambda$ et Δz.

2.3.1. Dérivée de la fonction de charge par rapport au multiplicateur de plasticité

L'expression de la dérivée de la fonction de charge par rapport au multiplicateur $\Delta\lambda$, est donnée par

$$\frac{\partial f}{\partial\Delta\lambda} = \frac{\partial}{\partial\Delta\lambda}\left\{(\underline{\sigma} - \underline{X})_{n+1}\right\} : \underline{\underline{H}} : (\underline{\sigma} - \underline{X})_{n+1} - \frac{2}{3}(\sigma_y + R)\frac{\partial(\sigma_y + R)}{\partial\Delta\lambda} \tag{5.39}$$

Or par dérivation en chaîne, il vient l'expression de la dérivée de $(\underline{\sigma} - \underline{X})_{n+1}$, soit

$$\frac{\partial}{\partial\Delta\lambda}(\underline{\sigma} - \underline{X})_{n+1} = \frac{\partial\underline{\underline{U}}}{\partial\Delta\lambda} : \underline{\sigma}_{n+1} + \underline{\underline{U}} : \frac{\partial\underline{\sigma}_{n+1}}{\partial\Delta\lambda} - \frac{\partial\underline{\underline{\Lambda}}}{\partial\Delta\lambda} : \underline{X}_n \tag{5.40}$$

Où

$$\frac{\partial\underline{\underline{U}}}{\partial\Delta\lambda} = -\delta(\underline{\underline{Y}} : \underline{\underline{\Lambda}} + \Delta\lambda(\frac{\partial\underline{\underline{Y}}}{\partial\Delta\lambda} : \underline{\underline{\Lambda}} + \underline{\underline{Y}} : \frac{\partial\underline{\underline{\Lambda}}}{\partial\Delta\lambda})) : \underline{\underline{H}} \tag{5.41}$$

Avec

$$\frac{\partial\underline{\underline{\Lambda}}}{\partial\Delta\lambda} = -\delta\underline{\underline{H}} : \underline{\underline{\Lambda}}^2 \tag{5.42}$$

et

$$\frac{\partial\underline{\underline{Y}}}{\partial\Delta\lambda} = -\gamma\left(\underline{\underline{\Lambda}} + \Delta\lambda\frac{\partial\underline{\underline{\Lambda}}}{\partial\Delta\lambda}\right) : \underline{\underline{H}} : \underline{\underline{Y}}^2 \tag{5.43}$$

Il est donc maintenant nécessaire d'exprimer la dérivée du tenseur des contraintes par rapport à l'incrément de plasticité, soit

$$\frac{\partial \underline{\sigma}_{n+1}}{\partial \Delta \lambda} = \frac{\partial \underline{\underline{W}}}{\partial \Delta \lambda} : \left[\underline{\sigma}_{n+1}^{\star} + \Delta \lambda \underline{\underline{C}} : \underline{\underline{H}} : \underline{Y} : \underline{\Lambda} : \underline{X}_n \right]$$
$$+ \underline{\underline{W}} : \underline{\underline{C}} : \underline{\underline{H}} : \left[\underline{Y} : \underline{\Lambda} + \Delta \lambda \left(\frac{\partial \underline{Y}}{\partial \Delta \lambda} : \underline{\Lambda} + \underline{Y} : \frac{\partial \underline{\Lambda}}{\partial \Delta \lambda} \right) \right] : \underline{X}_n \tag{5.44}$$

La dérivée de l'opérateur $\underline{W}$ est par ailleurs donnée par

$$\frac{\partial \underline{\underline{W}}}{\partial \Delta \lambda} = -\underline{\underline{C}} : \underline{\underline{H}} : \left[\underline{\underline{U}} + \Delta \lambda \frac{\partial \underline{\underline{U}}}{\partial \Delta \lambda} \right] : \underline{\underline{W}}^2 \tag{5.45}$$

2.3.2. Dérivée de la fonction de charge par rapport au multiplicateur de transformation

De la même manière que précédemment, l'expression de la dérivée de f par rapport à Δz est donnée par

$$\frac{\partial f}{\partial \Delta z} = \frac{\partial}{\partial \Delta z} \left\{ (\underline{\sigma} - \underline{X})_{n+1} \right\} : \underline{\underline{H}} : (\underline{\sigma} - \underline{X})_{n+1} - \frac{2}{3} (\sigma_y + R) \frac{\partial \sigma_y + R}{\partial \Delta z} \tag{5.46}$$

Or par utilisation de la dérivée en chaîne, on obtient

$$\frac{\partial}{\partial \Delta z} (\underline{\sigma} - \underline{X})_{n+1} = \frac{\partial \underline{\underline{U}}}{\partial \Delta z} : \underline{\sigma}_{n+1} + \underline{\underline{U}} : \frac{\partial \underline{\sigma}_{n+1}}{\partial \Delta z} - \frac{\partial \underline{\Lambda}}{\partial \Delta z} : \underline{X}_n \tag{5.47}$$

avec

$$\frac{\partial \underline{\underline{U}}}{\partial \Delta z} = -\delta \Delta \lambda \left(\frac{\partial \underline{Y}}{\partial \Delta z} : \underline{\Lambda} + \underline{Y} : \frac{\partial \underline{\Lambda}}{\partial \Delta z} \right) : \underline{\underline{H}} \tag{5.48}$$

où

$$\frac{\partial \underline{Y}}{\partial \Delta z} = -\gamma \Delta \lambda \frac{\partial \underline{\Lambda}}{\partial \Delta z} : \underline{\underline{H}} : \underline{Y}^2 \tag{5.49}$$

et

$$\frac{\partial \underline{\Lambda}}{\partial \Delta z} = 0 \tag{5.50}$$

Il en découle que

$$\frac{\partial}{\partial \Delta z} (\underline{\sigma} - \underline{X})_{n+1} = \underline{\underline{U}} : \frac{\partial \underline{\sigma}_{n+1}}{\partial \Delta z} \tag{5.51}$$

Et la dérivée du tenseur des contraintes est définie par

$$\frac{\partial \underline{\sigma}_{n+1}}{\partial \Delta z} = \frac{\partial \underline{\underline{W}}}{\partial \Delta z} : \left[\underline{\sigma}_{n+1}^{\star} + \Delta \lambda \underline{\underline{C}} : \underline{\underline{H}} : \underline{Y} : \underline{\Lambda} : \underline{X}_n \right\} + \Delta \lambda \underline{\underline{W}} : \frac{\partial \underline{\underline{C}}}{\partial \Delta z} : \underline{\underline{H}} : \underline{Y} : \underline{X}_n \tag{5.52}$$

avec

$$\frac{\partial \underline{\underline{W}}}{\partial \Delta z} = -\Delta \lambda \frac{\partial \underline{\underline{C}}}{\partial \Delta z} : \underline{\underline{H}} : \underline{\underline{U}} : \underline{\underline{W}}^2 \tag{5.53}$$

Toutes les dérivées sont alors fonctions de la dérivée de l'opérateur élastique $\underline{\underline{C}}$ définit par

$$\underline{\underline{C}} = K \underline{1} \otimes \underline{1} + 2G \left[\underline{\underline{I}} - \frac{1}{3} \underline{1} \otimes \underline{1} \right] \tag{5.54}$$

où

$$G = \frac{E}{2(1+\nu)} \quad K = \frac{E}{3(1-2\nu)} \tag{5.55}$$

sont respectivement le module d'élasticité transverse (où module de Coulomb) et le module d'incompressibilité.

2.3.3. Dérivée de l'opérateur élastique par rapport au multiplicateur de transformation

L'expression de cette dérivée est donnée par

$$\frac{\partial \underline{\underline{C}}}{\partial \Delta z} = \left\{ \frac{1}{3(1-2\nu)} \underline{1} \otimes \underline{1} + \frac{1}{1+\nu} \left[\underline{\underline{I}} - \frac{1}{3} \underline{1} \otimes \underline{1} \right] \right\} \frac{\partial E}{\partial \Delta z} \tag{5.56}$$

Or par référence à la modélisation phénoménologique, la dérivée du module d'Young est obtenue par

$$\frac{\partial E}{\partial \Delta z} = \beta q z^{q-1} (E^\infty - E^0) e^{-\beta z^q} \tag{5.57}$$

2.3.4. Dérivée de la fonction de transformation par rapport aux multiplicateurs de plasticité et de transformation - Cas des aciers TRiP

Il est aisé de montrer que

$$\frac{\partial g}{\partial \Delta \lambda} = -\sqrt{\frac{2}{3}} \left(a + b\chi(z) \right)^n \left\{ \overline{\sigma} + \Delta\lambda \frac{\partial \overline{\sigma}}{\partial \Delta\lambda} + \Delta\lambda \overline{\sigma} nb \left(a + b\chi(z) \right)^{-1} \frac{\partial \chi}{\partial \Delta\lambda} \right\} (z_\infty - z_{n+1}) \tag{5.58}$$

Or la dérivée du taux de triaxialité s'obtient par

$$\frac{\partial \chi}{\partial \Delta\lambda} = \frac{1}{\overline{\sigma}} \left(\frac{1}{3} tr \frac{\partial \sigma}{\partial \Delta\lambda} + 2\chi \frac{\partial}{\partial \Delta\lambda} \left\{ (\underline{\sigma} - \underline{X})_{n+1} \right\} : \underline{\underline{H}} : (\underline{\sigma} - \underline{X})_{n+1} \right) \tag{5.59}$$

Il vient directement cette dérivée puisque les termes nécéssaires ont déjà été calculés précédement. En reprenant un calcul similaire menant à l'expression de l'équation (5.59), il vient

$$\begin{aligned}
\frac{\partial g}{\partial \Delta z} = &\; 1 - \sqrt{\frac{2}{3}} \Delta\lambda \left(a + b\chi(z) \right)^n \left\{ \frac{\partial \overline{\sigma}}{\partial \Delta z} + \overline{\sigma} nb \left(a + b\chi(z) \right)^{-1} \frac{\partial \chi}{\partial \Delta z} \right\} (z_\infty - z_{n+1}) \\
&+ \sqrt{\frac{2}{3}} \Delta\lambda \overline{\sigma} \left(a + b\chi(z) \right)^n
\end{aligned} \tag{5.60}$$

Et de la même manière le terme relatif à l'expression du gradient du taux de triaxialité par rapport au terme de transformation s'exprime selon la relation suivante

$$\frac{\partial \chi}{\partial \Delta z} = \frac{1}{\overline{\sigma}} \left(\frac{1}{3} tr \frac{\partial \sigma}{\partial \Delta z} + 2\chi \frac{\partial}{\partial \Delta z} \left\{ (\underline{\sigma} - \underline{X})_{n+1} \right\} : \underline{\underline{H}} : (\underline{\sigma} - \underline{X})_{n+1} \right) \tag{5.61}$$

où les termes nécessaires au calcul de cette expression ont déjà été calculés.

2.3.5. Dérivée de la fonction de transformation par rapport aux multiplicateurs de plasticité et de transformation - Cas des aciers SS

Il a été montré que dans le cas des aciers inoxydables austénitiques métastables exhibant l'effet TRiP, la fraction de saturation était dépendante à la trixialité. Dans ce cas, il vient

$$
\begin{aligned}
\frac{\partial g}{\partial \Delta \lambda} =& -\sqrt{\frac{2}{3}} \left(a + b\chi(z)\right)^n \left\{ \overline{\sigma} + \Delta \lambda \frac{\partial \overline{\sigma}}{\partial \Delta \lambda} + \Delta \lambda \overline{\sigma} n b \left(a + b\chi(z)\right)^{-1} \frac{\partial \chi}{\partial \Delta \lambda} \right\} (z_\infty - z_{n+1}) \\
& -\sqrt{\frac{2}{3}} \Delta \lambda \overline{\sigma} \left(a + b\chi(z)\right)^n \frac{\partial z_\infty}{\partial \Delta \lambda}
\end{aligned}
\tag{5.62}
$$

En reprenant un calcul similaire menant à l'expression de l'équation (5.59), il vient

$$
\begin{aligned}
\frac{\partial g}{\partial \Delta z} =& 1 - \Delta \lambda \sqrt{\frac{2}{3}} \left(a + b\chi(z)\right)^n \left\{ \frac{\partial \overline{\sigma}}{\partial \Delta z} + \overline{\sigma} n b \left(a + b\chi(z)\right)^{-1} \frac{\partial \chi}{\partial \Delta z} \right\} (z_\infty - z_{n+1}) \\
& + \sqrt{\frac{2}{3}} \Delta \lambda \overline{\sigma} \left(a + b\chi(z)\right)^n - \sqrt{\frac{2}{3}} \Delta \lambda \overline{\sigma} \left(a + b\chi(z)\right)^n \frac{\partial z_\infty}{\partial \Delta z}
\end{aligned}
\tag{5.63}
$$

Il s'en suit les expressions des gradients de la fraction de saturation par rapport à $\Delta \lambda$ et Δz soit

$$
\frac{\partial z_\infty}{\partial \Delta \lambda} = a_0 a_1 e^{-a_0(\chi + \chi_0)^{a_1}} \frac{\partial \chi}{\partial \Delta \lambda}
\tag{5.64}
$$

et

$$
\frac{\partial z_\infty}{\partial \Delta z} = a_0 a_1 e^{-a_0(\chi + \chi_0)^{a_1}} \frac{\partial \chi}{\partial \Delta z}
\tag{5.65}
$$

2.3.6. Dérivée du terme lié à l'écrouissage isotrope par rapport à $\Delta \lambda$ dans le cas des aciers ASS

En reprenant l'expression du terme associée à l'écrouissage isotrope dans le cas des aciers TRiP, il vient l'expression de la dérivée de ce terme par rapport à $\Delta \lambda$, soit

$$
\begin{aligned}
\frac{\partial R}{\partial \Delta \lambda} =& \left(\left\{ (1-z) K_\gamma n_\gamma (\overline{\varepsilon}^p)^{n_\gamma - 1} + z K_\zeta n_\zeta (\overline{\varepsilon}^p)^{n_\zeta - 1} \right\} \frac{\partial \overline{\varepsilon}^p}{\partial \Delta \lambda} \right. \\
& + \left(K_\zeta (\overline{\varepsilon}^p)^{n_\zeta} - K_\gamma (\overline{\varepsilon}^p)^{n_\gamma} \right) \frac{\partial z}{\partial \Delta \lambda} \left) \left(1 + \left(\frac{\dot{\overline{\varepsilon}}^p}{C} \right)^m \right) \right. \\
& + \left((1-z) K_\gamma (\overline{\varepsilon}^p)^{n_\gamma} + z K_\zeta (\overline{\varepsilon}^p)^{n_\zeta} \right) \frac{m(\dot{\overline{\varepsilon}}^p)^{m-1}}{C^m \Delta t} \frac{\partial \Delta \overline{\varepsilon}^p}{\partial \Delta \lambda}
\end{aligned}
\tag{5.66}
$$

où l'on fait l'hypothèse que la vitesse de déformation équivalente s'obtient par utilisation de

$$
\dot{\overline{\varepsilon}}^p = \frac{\Delta \overline{\varepsilon}^p}{\Delta t}
\tag{5.67}
$$

Or par application du schéma du point milieu, on incrémente la déformation plastique équivalente par la relation suivante

$$
\overline{\varepsilon}^p_{n+1} = \overline{\varepsilon}^p_n + \Delta \overline{\varepsilon}^p_{n+1}
\tag{5.68}
$$

il vient

$$
\frac{\partial \overline{\varepsilon}^p_{n+1}}{\partial \Delta \lambda} = \frac{\partial \Delta \overline{\varepsilon}^p_{n+1}}{\partial \Delta \lambda}
\tag{5.69}
$$

De ce qui a précédé, l'expression de l'increment de déformation équivalente est donné par

$$\Delta\bar{\varepsilon}_{n+1}^{p} = \sqrt{\frac{2}{3}}\Delta\lambda\bar{\sigma} \tag{5.70}$$

et la dérivée de ce terme est alors définie par

$$\frac{\partial\Delta\bar{\varepsilon}_{n+1}^{p}}{\partial\Delta\lambda} = \sqrt{\frac{2}{3}}\left(\bar{\sigma} + \Delta\lambda\frac{\partial\bar{\sigma}}{\partial\Delta\lambda}\right) \tag{5.71}$$

La dérivée de la fonction associée à l'écrouissage est alors facilement calculée à partir de termes déjà développés précédemment.

2.3.7. Dérivée du terme lié à l'écrouissage isotrope par rapport à Δz dans le cas des aciers ASS

De la même manière qu'auparavant, il vient par dérivation en chaîne l'expression suivante

$$
\begin{aligned}
\frac{\partial R}{\partial \Delta z} = &\left(\left\{(1-z)K_\gamma n_\gamma(\bar{\varepsilon}^p)^{n_\gamma-1} + zK_\zeta n_\zeta(\bar{\varepsilon}^p)^{n_\zeta-1}\right\}\frac{\partial\bar{\varepsilon}^p}{\partial\Delta z}\right. \\
&\left. + \left(K_\zeta(\bar{\varepsilon}^p)^{n_\zeta} - K_\gamma(\bar{\varepsilon}^p)^{n_\gamma}\right)\frac{\partial z}{\partial\Delta z}\right)\left(1 + \left(\frac{\dot{\bar{\varepsilon}}^p}{C}\right)^m\right) \\
&+ \left((1-z)K_\gamma(\bar{\varepsilon}^p)^{n_\gamma} + zK_\zeta(\bar{\varepsilon}^p)^{n_\zeta}\right)\frac{m(\dot{\bar{\varepsilon}}^p)^{m-1}}{C^m\Delta t}\frac{\partial\Delta\bar{\varepsilon}^p}{\partial\Delta z}
\end{aligned} \tag{5.72}
$$

Avec

$$\frac{\partial\Delta\bar{\varepsilon}_{n+1}^{p}}{\partial\Delta z} = \sqrt{\frac{2}{3}}\Delta\lambda\frac{\partial\bar{\sigma}}{\partial\Delta z} \tag{5.73}$$

et il s'en suit que tous les termes néccésaires ont déjà été prédéfinis.

2.3.8. Dérivée du terme lié à l'écrouissage isotrope par rapport à $\Delta\lambda$ dans le cas des aciers TRiP

Dans le cas des aciers TRiP, la loi d'écrouissage isotrope a été définie et la dérivée de cette fonction par rapport à $\Delta\lambda$ est donnée par

$$
\begin{aligned}
\frac{\partial R}{\partial \Delta z} = &\left(\left\{K_\gamma n_\gamma(\bar{\varepsilon}^p)^{n_\gamma-1} + zK_\zeta n_\zeta(\bar{\varepsilon}^p)^{n_\zeta-1}\right\}\frac{\partial\bar{\varepsilon}^p}{\partial\Delta z}K_\zeta(\bar{\varepsilon}^p)^{n_\zeta}\frac{\partial z}{\partial\Delta z}\right)\left(1 + \left(\frac{\dot{\bar{\varepsilon}}^p}{C}\right)^m\right) \\
&+ \left(K_\gamma(\bar{\varepsilon}^p)^{n_\gamma} + zK_\zeta(\bar{\varepsilon}^p)^{n_\zeta}\right)\frac{m(\dot{\bar{\varepsilon}}^p)^{m-1}}{C^m\Delta t}\frac{\partial\Delta\bar{\varepsilon}^p}{\partial\Delta z}
\end{aligned} \tag{5.74}
$$

où tous les termes sont déjà calculés dans les développements précédents.

2.3.9. Dérivée du terme lié à l'écrouissage isotrope par rapport à Δz dans le cas des aciers TRiP

On obtient directement le terme associé à la dérivée de l'écrouissage isotrope par rapport à Δz par

$$
\begin{aligned}
\frac{\partial R}{\partial \Delta z} = &\left(\left\{K_\gamma n_\gamma(\bar{\varepsilon}^p)^{n_\gamma-1} + zK_\zeta n_\zeta(\bar{\varepsilon}^p)^{n_\zeta-1}\right\}\frac{\partial\bar{\varepsilon}^p}{\partial\Delta z}K_\zeta(\bar{\varepsilon}^p)^{n_\zeta}\frac{\partial z}{\partial\Delta z}\right)\left(1 + \left(\frac{\dot{\bar{\varepsilon}}^p}{C}\right)^m\right) \\
&+ \left(K_\gamma(\bar{\varepsilon}^p)^{n_\gamma} + zK_\zeta(\bar{\varepsilon}^p)^{n_\zeta}\right)\frac{m(\dot{\bar{\varepsilon}}^p)^{m-1}}{C^m\Delta t}\frac{\partial\Delta\bar{\varepsilon}^p}{\partial\Delta z}
\end{aligned} \tag{5.75}
$$

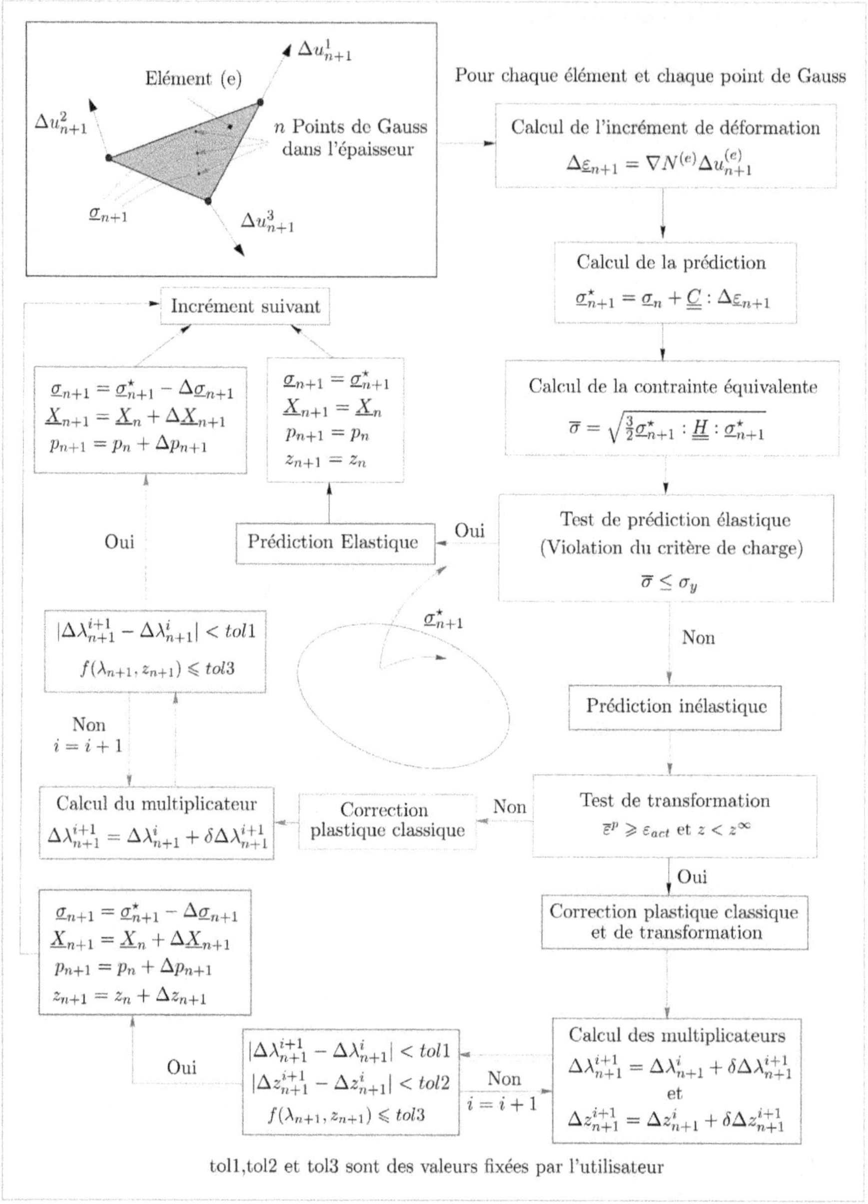

Elément (e)

Δu_{n+1}^1

Δu_{n+1}^2

n Points de Gauss dans l'épaisseur

$\underline{\sigma}_{n+1}$

Δu_{n+1}^3

Pour chaque élément et chaque point de Gauss

Calcul de l'incrément de déformation
$$\Delta \underline{\varepsilon}_{n+1} = \nabla N^{(e)} \Delta u_{n+1}^{(e)}$$

Calcul de la prédiction
$$\underline{\sigma}_{n+1}^\star = \underline{\sigma}_n + \underline{\underline{C}} : \Delta \varepsilon_{n+1}$$

Calcul de la contrainte équivalente
$$\overline{\sigma} = \sqrt{\tfrac{3}{2} \underline{\sigma}_{n+1}^\star : \underline{\underline{H}} : \underline{\sigma}_{n+1}^\star}$$

Test de prédiction élastique
(Violation du critère de charge)
$$\overline{\sigma} \leq \sigma_y$$

Non

Prédiction inélastique

Test de transformation
$$\overline{\varepsilon}^p \geqslant \varepsilon_{act} \text{ et } z < z^\infty$$

Oui

Correction plastique classique et de transformation

Calcul des multiplicateurs
$$\Delta \lambda_{n+1}^{i+1} = \Delta \lambda_{n+1}^i + \delta \Delta \lambda_{n+1}^{i+1}$$
et
$$\Delta z_{n+1}^{i+1} = \Delta z_{n+1}^i + \delta \Delta z_{n+1}^{i+1}$$

Non
$i = i + 1$

$$|\Delta \lambda_{n+1}^{i+1} - \Delta \lambda_{n+1}^i| < tol1$$
$$|\Delta z_{n+1}^{i+1} - \Delta z_{n+1}^i| < tol2$$
$$f(\lambda_{n+1}, z_{n+1}) \leqslant tol3$$

Oui

Correction plastique classique

Non

Calcul du multiplicateur
$$\Delta \lambda_{n+1}^{i+1} = \Delta \lambda_{n+1}^i + \delta \Delta \lambda_{n+1}^{i+1}$$

Non
$i = i + 1$

$$|\Delta \lambda_{n+1}^{i+1} - \Delta \lambda_{n+1}^i| < tol1$$
$$f(\lambda_{n+1}, z_{n+1}) \leqslant tol3$$

Oui

$$\underline{\sigma}_{n+1} = \underline{\sigma}_{n+1}^\star - \Delta \underline{\sigma}_{n+1}$$
$$\underline{X}_{n+1} = \underline{X}_n + \Delta \underline{X}_{n+1}$$
$$p_{n+1} = p_n + \Delta p_{n+1}$$

$$\underline{\sigma}_{n+1} = \underline{\sigma}_{n+1}^\star - \Delta \underline{\sigma}_{n+1}$$
$$\underline{X}_{n+1} = \underline{X}_n + \Delta \underline{X}_{n+1}$$
$$p_{n+1} = p_n + \Delta p_{n+1}$$
$$z_{n+1} = z_n + \Delta z_{n+1}$$

$$\underline{\sigma}_{n+1} = \underline{\sigma}_{n+1}^\star$$
$$\underline{X}_{n+1} = \underline{X}_n$$
$$p_{n+1} = p_n$$
$$z_{n+1} = z_n$$

Prédiction Elastique

Oui

$\underline{\sigma}_{n+1}^\star$

Incrément suivant

toll,tol2 et tol3 sont des valeurs fixées par l'utilisateur

FIGURE 5.2 – *Algorithme du retour radial généralisé appliqué au comportement des aciers à transformation*

2.4   Vers une simplification de l'implémentation

Dans le cadre d'une approche dynamique explicite, les pas de temps sont très petits et cette approche permet de garder le formalisme petites perturbations. De ce fait, en faisant l'hypothèse que la triaxialité ne varie que faiblement entre deux pas de temps, les équations se trouvent simplifiées et il est possible de résoudre le problème uniquement par résolution de la condition de vérification de la fonction de charge. Par identification du multiplicateur $\Delta\lambda$, l'incrément de fraction volumique de phase produite (i.e. Δz) est ainsi calculé directement par

$$\Delta z_{n+1} = \sqrt{\frac{2}{3}}\Delta\lambda\overline{\sigma}\left(a + b(\chi(z))\right)^n (z_\infty - z_{n+1}) \tag{5.76}$$

Néanmoins dans le cas où les incréments de temps sont plus grands, il est nécéssaire d'utiliser le schéma prédicteur-correcteur complet basé sur la résolution du système différentiel non-linéaire du second ordre. Dans la suite, l'implémentation sera réalisée avec sur l'hypothèse de petits incréments de temps et donc d'une résolution unique de la fonction de charge f dont on déduit la fraction volumique de phase produite à partir du multiplicateur de plasticité. La figure 5.2 représente l'algorithme général de résolution selon un schéma prédicteur-correcteur.

2.4.1.   Evolution du module d'Young avec la transformation de phase

Les évolutions de la transformation de phases et de l'écrouissage ont été présentées et comparées avec les résultats provenant d'autres auteurs. Néanmoins, un phénomène supplémentaire a été considéré dans la modélisation relativement à la modification des propriétés élastiques avec la transformation martensitique. La méthode génétique a permis d'obtenir les paramètres nécessaires à la prise en compte de cette évolution.

3   Cas tests

Afin de valider l'implémentation du modèle dans le code de calcul, on effectue un ensemble de tests numériques permettant de rendre compte l'ensemble des difficultés pouvant survenir lors de simulations complexes, i.e. lorsque l'état de contrainte n'est pas monotone. Ainsi, ces cas tests permettront d'évaluer les éventuelles problèmes numériques pouvant apparaître lors du calcul. Pour des raisons de clareté, on s'attache à valider le modèle caractérisant les aciers TRiP. Cependant, on ne manquera pas de mentionner la validation du modèle associée au comportement des aciers austénitiques.

Dans la suite de la présentation, les tests effectués avec polyform© seront réalisés à l'aide d'un élément de coque isoparamétrique à trois noeuds à interpolation mixte des composantes de cisaillement transverse [14] ; Dans le cas de LS-DYNA, il s'agit d'un élément de coque isoparamétrique C^0 [10] ainsi que d'un élément quadrangulaire de type Belytschko-Tsaï [11][12] avec prise en compte du cisaillement transverse.

3.1 Traction Simple

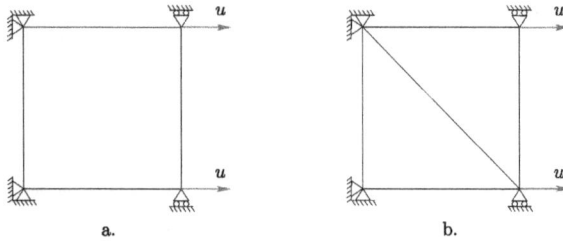

FIGURE 5.3 – *Modèles utilisés pour la simulation d'un essai de traction simple : a. Quadrangle - b. Triangle*

La première validation se fait à partir d'un essai de traction simple dont on rappelle la cinématique figure 5.3. On discrétise alors un carré de côtés 5mm et d'épaisseur 0.5 mm. Dans ce cas précis, il est à noter qu'il n'est pas nécessaire d'utiliser de points d'intégration dans l'épaisseur puisque l'essai est un test plan. Cependant afin d'anticiper d'éventuelles instabilités ou problèmes d'implantation, on choisit d'opter pour l'utilisation de 3 points d'intégration dans l'épaisseur. Sur la figure 5.4, on compare les modèles numériques et analytiques pour la variation de fraction volumique de phase produite ainsi que de l'écrouissage en fonction de la déformation plastique équivalente.

Ces résultats montrent une parfaite implantation dans le cadre d'un essai de traction simple monotone (où la valeur numérique du taux de triaxialité observée est de 0,354).

3.2 Cisaillement pur

L'essai de cisaillement pur, ou plutôt de glissement simple, permet de rendre compte de la distorsion d'angle droit relatif à un carré initial soumis à une sollicitation en cisaillement (figure 5.5). Cet essai donne ainsi lieu à un état de contraintes purement déviatorique ($tr\underline{\sigma} = 0$). Cet essai permet de valider un second état de contraintes plan à triaxialité nulle et de ne solliciter que les termes de cisaillement des tenseurs de contraintes et déformations. De la même manière sur la figure 5.6, l'implantation numérique montre un parfait accord entre le modèle analytique et les résultats numériques pour une triaxialité nulle.

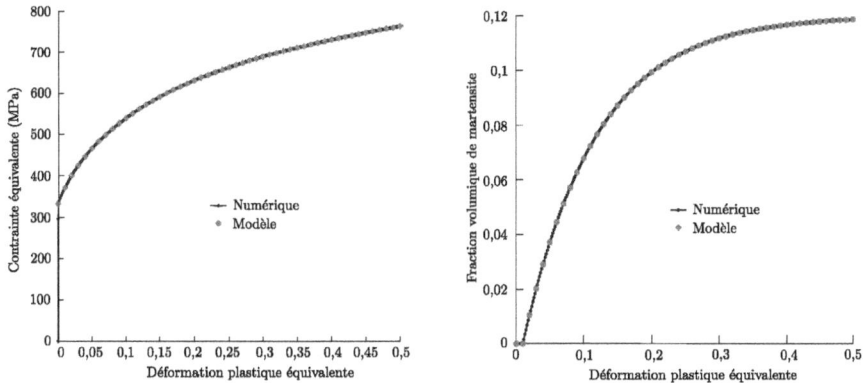

FIGURE 5.4 – *Comparaison de l'évolution de l'écrouissage isotrope et de la fraction volumique de martensite en fonction de la déformation plastique équivalente pour un essai de traction simple.*

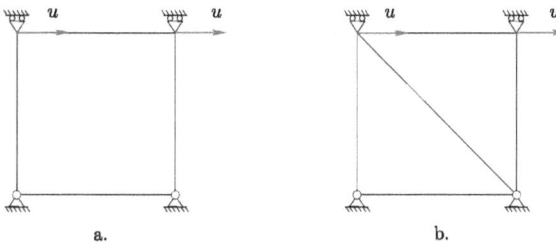

FIGURE 5.5 – *Modèles utilisés pour la simulation de l'essai de cisaillement pur : a. Quadrangle - b. Triangle*

3.3 Traction Oblique

Afin de valider complétement la loi de comportement pour un état plan, i.e. $\sigma_{i3} = 0$, il est possible d'effectuer un essai de traction dans une direction quelconque, i.e. en dehors des axes principaux, tel que si $\overrightarrow{n}$ représente la direction de sollicitations(avec $\overrightarrow{n}.\overrightarrow{e}_z = 0$), l'effort selon $\overrightarrow{n}$ est donné par

$$\overrightarrow{T} = \underline{\sigma}.\overrightarrow{n} = (a\sigma_{11} + b\sigma_{12})\overrightarrow{e}_x + (b\sigma_{22} + a\sigma_{12})\overrightarrow{e}_y \tag{5.77}$$

où a et b sont les cosinus directeur de $\overrightarrow{n}$ et e_i sont les vecteurs directeurs du repère cartésien global. On choisit d'effectuer un essai oblique dans la direction à 45° comme schématisé sur la figure 5.7. Cet essai permet, d'une part de solliciter l'intégralité des composantes dans le plan des tenseurs des déformations et des contraintes. La triaxialité observée est de 0,2 et permet de corréler une fois de plus les résultats nu-

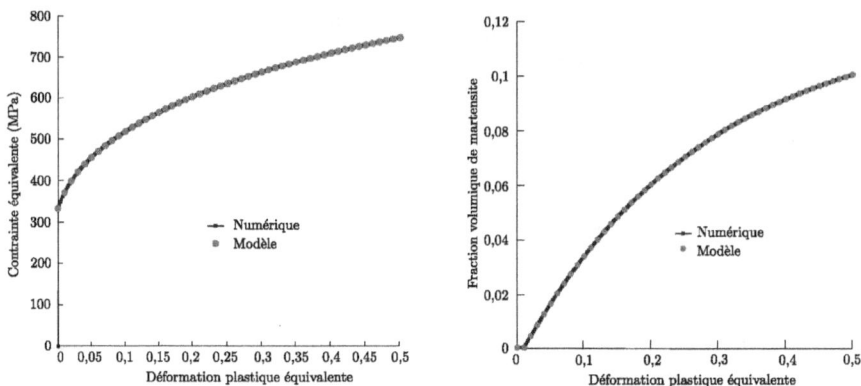

FIGURE 5.6 – *Comparaison de l'évolution de l'écrouissage isotrope et de la fraction volumique de martensite en fonction de la déformation plastique équivalente pour un essai de cisaillement pur.*

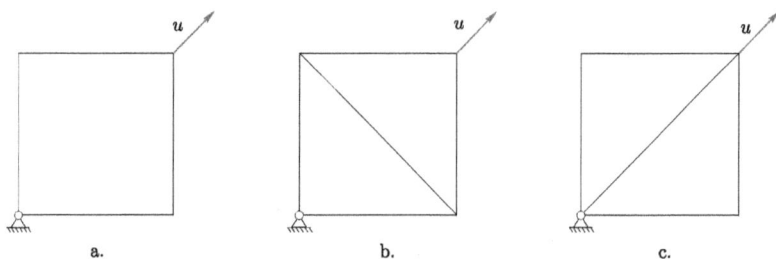

FIGURE 5.7 – *Modèles utilisés pour la simulation d'un essai de traction oblique : a. Quadrangle - b. Triangle dans le sens orthogonal - c. Triangle dans le sens de la diagonale.*

mériques et analytiques comme représentés sur la figure 5.8. La validation de l'implantation numérique dans le cas de contraintes planes est alors complète. Il est à noter qu'il est tout à fait normal de retrouver les résultats analytiques, mais il s'avère que la validation de l'implantation est rarement mentionnée.

3.4 Sollicitations hors plan - poutre appuyée-appuyée

Afin d'apprécier l'implantation du modèle sous sollicitations complexes, on désire tester un essai de flexion sur une poutre appuyée-appuyée avec sollicitations par un effort ponctuel en son plan de symétrie. Les dimensions du modèle de la poutre sont données sur la figure 5.9. La structure est discrétisée par des éléments de côté 4 mm, soit 250 éléments quadrangulaires (ou 500 éléments triangulaires). Par

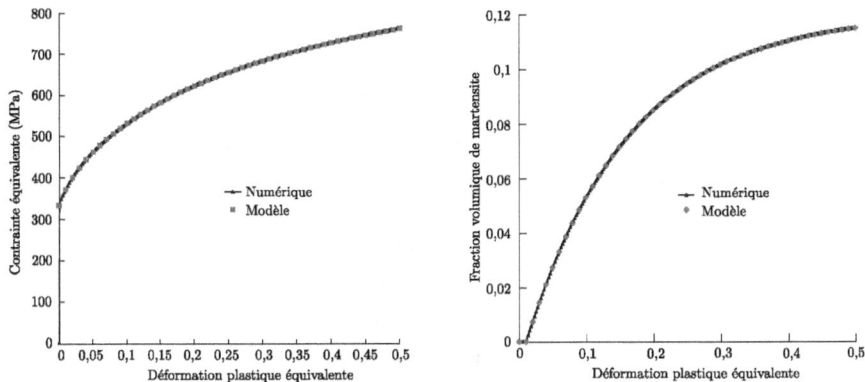

FIGURE 5.8 – *Comparaison de l'évolution de l'écrouissage isotrope et de la fraction volumique de martensite en fonction de la déformation plastique équivalente pour un essai de traction oblique.*

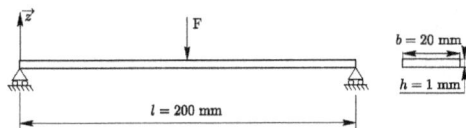

FIGURE 5.9 – *Modèle d'une poutre appuyée-appuyée avec effort linéique sur le plan de symétrie*

la suite et par un souci de clareté de l'exposé, on présente sur la figure 5.10, la numérotation et la position des trois points d'intégration dans l'épaisseur de chaque élément en fonction de l'orientation de la normale.

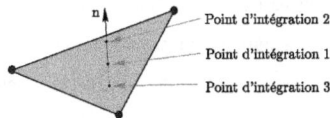

FIGURE 5.10 – *Repérage des points d'intégration utilisés selon l'orientation de la normale n*

A partir des équations de la mécanique des milieux déformables et dans le cas particuliers des poutres, selon la théorie de Bernoulli, il est aisé de montrer que la contrainte de flexion maximale est donnée par :

$$\sigma_{max} = \frac{3}{2} \frac{FL}{bh^2} \qquad (5.78)$$

A partir de cette relation, il est ainsi possible de déterminer la valeur minimale de l'effort appliquée afin de faire apparaître des déformations inélastiques en comparant la relation (5.78) à la limite élastique σ_y du matériau, soit

$$F > \frac{2\sigma_y bh^2}{3L} \qquad (5.79)$$

Dans le cas de la poutre envisagée, l'effort nécessaire pour déformer plastiquement la structure doit être supérieure à 22N. Cependant, on désire tester la loi de comportement dans le domaine élasto-plastique, on choisit donc un chargement beaucoup plus élevé, soit 100N. On peut alors à partir de la figure 5.11, présenter une synthétisation et une conclusion quant à l'implantation de la loi de comportement des aciers TRiP dans les codes Polyform© et LS-DYNA®. Il est à noter que la normale initiale de chaque élément est orientée selon l'axe $\vec{z}$ présenté sur la figure 5.9.

3.4.1. Répartition des contraintes

Cet essai de flexion d'une poutre appuyée-appuyée permet en principe de montrer que l'état de contraintes varie dans l'épaisseur (état de flexion) et qu'il existe une fibre tendue et une fibre comprimée. Les résultats présentés sur la figure 5.11 valide cet aspect. Un autre aspect est aussi à prendre en compte est l'influence des composantes de cisaillement transverse.

En effet, dans le cas où ces composantes deviennent dominantes par rapport aux composantes de membrane-flexion, on tend à obtenir un verrouillage de l'élément menant à des résultats incohérents.

La première satisfaction de ces résultats est alors relative à la répartition des contraintes équivalentes aux différents points d'intégration utilisés. En effet, on peut d'or et déjà dire que l'état de flexion est bien représenté puisque les comportements aux points d'intégration 2 et 3 correspondant respectivement à des triaxialités négatives et positives, i.e. dans un état de contraintes en compression et traction. De plus, l'évolution de la déformation inélastique est quasi-nulle sur la fibre neutre (point d'intégration 1), ce qui tend à démontrer que l'état de contrainte au droit de l'effort appliqué est un état de flexion.

De plus, on peut noter que l'effet de la transformation est bien pris en compte puisque dans le cas d'un état de compression (point d'intégration 2), l'avancée de la transformation est beaucoup plus faible que lors d'un état de traction (point d'intégration 3).

On peut aussi noter qu'au regard de l'évolution des contraintes de cisaillement transverse, celles-ci sont très inférieures aux composantes de membrane-flexion puisqu'elles restes élastiques et sont de l'ordre

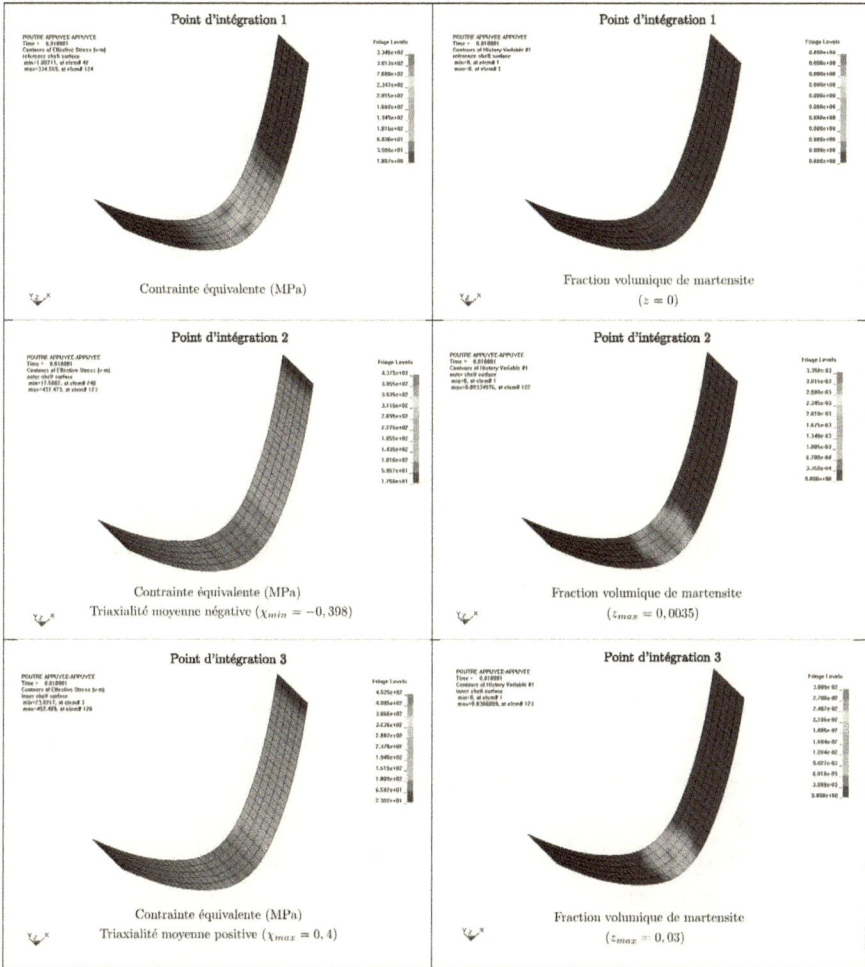

FIGURE 5.11 – *Répartition des contraintes équivalentes et de l'évolution de la transformation aux points d'intégration dans le cas de l'acier TRiP700.*

du quart de la limite élastique.

Ces résultats de validation correspondant au cas de l'acier TRiP700, la même constatation a été obtenue dans le cas de correspondant à l'implantation du modèle des aciers ASS. Cette validation étant compléte, on peut maintenant s'orienter vers la simulation du comportement des structures composées d'aciers TRiP700 et ASS ainsi qu'investiguer l'influence de la transformation de phase sur le comportement des composants obtenus.

Malgré tout, on a fait état que l'identification des paramètres matériaux était possible dans le cas d'essais homogènes. Or, les essais de caractérisation présentés dans le chapitre précédent ne permettent pas toujours l'obtention de résultats homogènes. En effet, ces essais expérimentaux ne permettent pas dans leur grande majorité de remonter à la courbe d'écrouissage (contraintes équivalente et déformation logarithmique). De ce fait, il est nécéssaire de mettre en place une méthode d'identification de corrélation entre les résultats expérimentaux directement obtenus et les modèles éléments finis basés sur la prise en compte du comportement correspondant. Dans la suite, on présentera le module d'identification inverse des paramètres du modèle présenté, et basé sur les travaux de Labergère [68] concernant l'optimisation des procédés d'hydroformage.

4 Méthode inverse - Module d'identification éléments finis

Ce module a été développé afin de pouvoir identifier les paramètres des modèles des aciers TRiP et ASS avec les codes éléments finis Polyform© et LS-DYNA®. A l'instar du module d'identification des paramètres sur des essais homogènes obtenue par méthodes génétiques, l'optimisation est basée sur la minimisation d'une fonction multi-objectifs.

Cependant, dans le cas d'un couplage expérimental-éléments finis, il n'est plus possible d'utiliser les méthodes globales (méthodes génétiques, méthodes de la plus grande pente...) pour résoudre le problème. En effet, si l'on se réfère à [62], le nombre d'évaluations nécessaires devient prohibitif. On fait alors appel soit à des méthodes de gradient nécessitant le calcul de la matrice hessien, soit à l'utilisation de méthodes de surfaces réponses permettant de construire par approximation analytique la fonction objectif et de rechercher le minimum de cette fonction. Dans le cas de cet exposé, on présentera uniquement la méthode utilisée, i.e. l'utilisation d'une méthode de gradient : l'algorithme SQP (Sequential Quadratic Programming).

4.1 Algorithme SQP

Le principe de la méthode SQP consiste en la minimisation de la fonction de Lagrange $\mathscr{L}(\underline{x},\underline{\lambda})$ correspondant au problème de base, i.e. à la minimisation de la fonction multi-objectifs $F(\underline{x})$ respectant les contraintes paramétriques représentés les fonctions contraintes $C_i(\underline{x})$ parmi les n considérées, soit

$$\mathscr{L}(\underline{x},\underline{\lambda}) = F(\underline{x}) - \sum_{i=1}^{n} \lambda_i C_i(\underline{x}) \qquad (5.80)$$

où

$$C_i(\underline{x}) \geqslant 0 \qquad (5.81)$$

où les multiplicateurs de Lagrange λ_i sont donnés par

$$\begin{cases} \lambda_i > 0 & \text{si } C_i = 0 \\ \lambda_i = 0 & \text{si } C_i > 0 \end{cases} \tag{5.82}$$

Le problème de minimisation est alors traité par résolutions sucessives du sous-problème convexe formé par l'approximation quadratique de la fonction objectif et la linéarisation des contraintes au point $\underline{x}^k$. Le problème de base est donc remplacé par une séquence de sous-problèmes quadratiques simples. L'optimum de chacun de ces sous-problèmes servira de point de départ à une nouvelle iétration, où une nouvelle approximation convexe sera réalisée. Le sous-problème obtenu à l'itération k résulte de la minimisation de la relation suivante

$$\frac{1}{2}(\underline{x} - \underline{x}^{(k)})^{\mathrm{T}}\underline{\underline{A}}(\underline{x} - \underline{x}^{(k)}) + \underline{b}^{\mathrm{T}}(\underline{x} - \underline{x}^{(k)}) + c \tag{5.83}$$

avec

$$C_i(\underline{x}^{(k)}) + \underline{D}_i^{\mathrm{T}}(\underline{x} - \underline{x}^{(k)}) \geqslant 0 \tag{5.84}$$

On définit alors les relations suivantes

$$\underline{\underline{A}} = \frac{\partial^2 \mathrm{F}(\underline{x}^{(k)})}{\partial \underline{x}^2} + \sum_{i=1}^{n} \lambda_i \frac{\partial^2 C_i(\underline{x}^{(k)})}{\partial \underline{x}^2} \tag{5.85}$$

et

$$\underline{b} = \frac{\partial \mathrm{F}(\underline{x}^{(k)})}{\partial \underline{x}} \quad c = \mathrm{F}(\underline{x}^{(k)}) \quad \underline{D}_i = \frac{\partial C_i(\underline{x}^{(k)})}{\partial \underline{x}} \tag{5.86}$$

Cette méthode requiert le calcul des dérivées secondes de la fonction objectif et des contraintes par rapport aux variables d'optimisation. Cependant, dans de nombreux cas, ces dérivées ne sont pas accessibles. En pratique, la matrice Hessienne de la fonction Lagrangienne, i.e. $\partial^2 \mathscr{L}/\partial \underline{x}^2$ est approximée au cours des itérations par la technique BFGS (Broyden, Fletcher, Goldfarb et Shanno)[62]. Dans la suite cette méthode est utilisée afin de minimiser le problème multi-objectifs à l'aide d'une bibliothèque développée en Langage C ne nécessitent que l'introduction de la valeur de la fonction objectif, des fonctions contraintes ainsi que de la sensibilité de la fonction objectif par rapport au vecteur des paramètres. Les sensibilités de la fonction multi-objectifs, i.e. $\partial \mathrm{F}(\underline{x}^{(k)})/\partial \underline{x}$ sont obtenus par une méthode des différences finies, tel que

$$\frac{\partial \mathrm{F}(\underline{x}^{(k)})}{\partial \underline{x}} = \frac{\mathrm{F}(\underline{x}^k + \Delta \underline{x}^k) - \mathrm{F}(\underline{x}^k)}{\Delta \underline{x}^k} \tag{5.87}$$

L'algorithme de résolution du problème d'optimisation, consiste alors à réaliser numériquement l'intégralité des essais expérimentaux, puis d'évaluer la fonction multi-objectifs. Cette évaluation permet l'initialisation du problème de minimisation. Par la suite on fait le calcul de sensibilité de la fonction objectif par rapport à tous les paramètres à identifier et selon l'intégralité des essais expérimentaux correspondants. Grâce à l'étude de sensibilité, on réactualise le vecteur des paramètres jusqu'à obtenir convergence, i.e. sensibilité nulle des paramètres.

Le code de calcul LS-DYNA possède l'avantage d'être parallélisé et peut donc être utilisé de façon efficace pour l'identification paramétrique. Les modèles de comportement ont été vectorisés afin de pouvoir être implantés dans la version MPP de LS-DYNA. Grâce à l'utilisation du cluster de l'équipe Mise en Forme des Matériaux du LMARC, il est ainsi possible de réduire le temps d'identification.

4.2 Applications à l'identification des paramètres matériaux

Comme il en a déjà été fait état, l'intégralité de la caractérisation expérimentale n'est pas encore totalement accessible. Il n'est donc pas objectivement encore possible d'apporter des résultats justifiés quant à la robustesse du module d'identification. On se proposera de noter dans les conclusions et perspectives, la nécessité de valider cette approche d'identification à partir des résultats obtenus sur les futurs moyens expérimentaux mis en place au sein de l'équipe mise en forme.

5 Conclusions et perspectives

On s'est attaché à présenter dans le présent chapitre, l'identification des modèles constitutifs des aciers TRiP et austénitiques dans un cadre de simulation par éléments finis. Cette implémentation s'est faite dans le cadre d'un logiciel éléments finis de type dynamique transitoire explicite pour la résolution des problèmes de mise en forme. L'utilisation d'un algorithme de type prédicteur-correcteur a été développée et détaillée pour permettre une implantation rigoureuse du comportement. Une méthode de validation de l'implantation a été détaillée et discutée afin de valider la possibilité d'utiliser les développements dans des situations plus complexes et d'apporter des réponses quant à l'influence des procédés sur les composants en service. Cette approche sera présentée dans la deuxième partie du chapitre suivant.

Un module d'identification par méthode inverse a aussi été présenté afin de permettre d'obtenir les paramètres matériaux à partir de résultats expérimentaux donnés par divers essais. Cette identification permet, en théorie, de remonter aux paramètres matériaux et cela même dans le cas d'essais non homogènes. Cependant, il est pour cela nécessaire de mettre en place, l'intégralité des moyens expérimentaux préconisés au chapitre 4. Cette approche sera ainsi validée à partir du moment où l'approche expérimentale sera totalement mise en place.

Le chapitre suivant traitera de la simulation numérique des procédés de mise en forme par emboutissage, hydroformage ainsi que de fluotournage. Puis on tentera d'étudier l'influence de ces procédés sur le comportement en service des composants, après mise en forme.

Chapitre 6

Simulation et influences des procédés de mise en forme sur les composants

On se propose dans cette partie, d'utiliser les codes Polyform© et LS-DYNA® [50] pour la simulation des procédés d'emboutissage et d'hydroformage réalisés avec des aciers à transformation de phase. On présentera aussi une extension du code Polyform pour la prédiction du retour élastique ainsi que de l'extraction modale des composants obtenus. Cette extension révèle les prémisses de l'étude de l'influence des procédés de mise en forme sur le comportement des composants. Cette partie constitue la deuxième phase de ce chapitre. Dans un premier temps, on présentera un ensemble d'essais relatifs à l'emboutissage d'une coupelle cylindrique, d'un composant automobile ainsi que de l'hydroformage d'un tube en T. Puis on se penchera vers des études plus spécifiques telles que l'influence de la modification des propriétés élastiques sur le comportement dynamique et la prédiction du retour élastique.

1 Préambule

Dans la suite de l'exposé, le chargement est paramétré à l'aide d'un scalaire normé, noté τ et défini par Labergère [68] comme étant le facteur de chargement

$$\tau = \frac{t_{courant}}{t_{final}} \tag{6.1}$$

où $t_{courant} \in [0, t_{final}]$. Ce scalaire permet de s'absoudre du temps physique et de définir les lois de commandes ou les évolutions des paramètres de procédés. La transposition expérimentale est alors directe puisque, il suffira de multiplier le facteur de chargement par le temps réel associé au procédé pour obtenir les évolutions temporelles réelles.

2 Benchmark Daimler Chrysler

2.1 Motivations

Afin de prendre en compte l'ensemble des préoccupations posées en emboutissage, on réalise la simulation du benchmark proposé lors de la conférence Esaform'01 par Daimler Chrysler et l'université de Dortmund [104]. La première phase de ce benchmark consiste en l'emboutissage d'un godet cylindrique. Les phases suivantes seront ensuite détaillées. On représente sur la figure 6.1, les dimensions de l'outillage. Le flan initial est circulaire (⌀280 mm) et d'épaisseur 1 mm. La simulation permettra de montrer l'influence du comportement sur le composant obtenu.

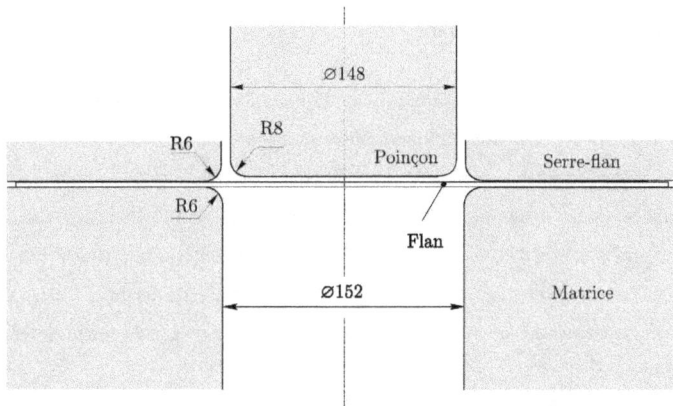

FIGURE 6.1 – *Cotation des outillages relative à la simulation du benchmark Daimler-Chrysler[104].*

Dans un deuxième temps, on tentera de comparer les résultats de simulation obtenus avec les modèles présentés et avec une approche conventionnelle, i.e. une loi de comportement linéairement interpolée en traction. Les paramètres communs à cette simulation sont relatifs à la densité de maillage initiale (25540 éléments pour 26042 noeuds) avec 5 points d'intégration dans l'épaisseur, à des considérations d'isotropie matérielle ($r_i = 1$ soit une contrainte équivalente au sens de von Mises). Les autres paramètres utilisés dans les simulations sont similaires dans tous les cas, hormis la loi de comportement. Malgré la possibilité de réduire les temps de calculs, l'utilisation du mass scaling et des symétries (puisque le comportement est isotrope) ne sont pas considérées, afin de garantir les résultats les plus précis. Le tableau 6.1 donne les paramètres nécessaires à l'étude.

⌀ matrice	⌀ poinçon	Jeu	⌀ flan initial	Rayon matrice
152 mm	148 mm	2,2 mm	280 mm	6,5 mm
Rayon poinçon	Epaisseur flan	Profondeur d'emboutissage	Effort Serre-flan	Coefficient de frottement
8 mm	1 mm	90 mm	240 kN	0.145

TABLE 6.1 – *Paramètres utilisés pour la simulation du procédé d'emboutissage du benchmark Daimler-Chrysler [104].*

2.2 Application au cas du TRiP700

2.2.1. Vers la nécessité de comparer

Afin de valider la justification du développement d'une loi de comportement dédiée à la simulation des composants en aciers à effet TRiP, il faut pouvoir l'évaluer par rapport aux approches utilisées industriellement. En effet à l'heure des présents développements, les simulations en emboutissage n'utilisent pas de lois dédiées à de tels matériaux. L'approche réelle est relative à l'utilisation d'un critère de charge avec prise en compte d'une loi d'écoulement tabulée, i.e. basée sur l'interpolation linéaire (par morceaux) de la courbe d'écrouissage en traction simple. A la vue des développements précédents, on peut supposer que ce manque de précision et de représentativité aura une influence sur la qualité des résultats obtenus et leur caractère prédictif.

En effet, on a pu voir que l'état de contraintes avait une influence prépondérante sur la réponse des matériaux à effet TRiP. De plus, la non prise en compte de la transformation de phase conduit inexorablement à ne pas prendre en compte le comportement particulier de la structure du matériau.

Une autre approche peut être envisagée, elle est relative à l'utilisation de lois puissance de type Swift, Hollomon ou Ludwick. Elles présentent l'avantage de pouvoir traiter la contrainte d'écoulement de manière continue. Néanmoins, dans le cas particulier des aciers à transformation de phase, la non-linéarité de la contrainte d'écoulement n'est pas bien appréhendée. Il est alors possible de faire varier le coefficient d'écrouissage n durant la déformation afin de représenter au mieux le comportement en traction. Cependant, cet artifice ne permet pas de prendre en compte la différence de comportement sous diverses sollicitations.

On décide alors d'utiliser la méthode industrielle la plus courante qui est relative à l'utilisation d'un critère quadratique de Hill 48 avec écrouissage isotrope de type linéaire par morceaux. L'avantage indéniable de cette méthode est d'utiliser directement les résultats expérimentaux obtenus en traction. Un autre avantage est d'ordre numérique et repose sur le fait que dans le cas d'une loi interpolée par morceaux, les temps de calcul nécessaires à la résolution du problème du retour radial sont plus courts que dans le cas des autres approches avec lois non-linéaires.

2.2.2. Comparaison avec la loi tabulée

Les simulations sont effectuées sur un PC équipé d'un processeur AMD 2400+ avec 1 GHz de RAM. Dans le tableau 6.2, on donne les temps de calculs obtenus avec les deux approches.

Loi	Modèle	Interpolation
Temps	9h17min	8h05min

TABLE 6.2 – *Comparaison des temps de calculs menés avec le modèle et une loi tabulée*

Sur la figure 6.2, on présente les contours de la contrainte équivalente obtenue pour l'acier TRiP700 à la fin du procédé d'emboutissage. La figure 6.2.a. est relative à la prédiction avec le modèle développé alors que la figure 6.2.b. correspond à l'approche par loi tabulée. On s'aperçoit alors très rapidement qu'un phénomène de localisation apparaît au niveau de l'étude par méthode interpolée. Ceci donne lieu à deux explications possibles.

La première est liée à une mauvaise interpolation de la contrainte d'écoulement entraînant une localisation des déformations purement numériques. Néanmoins, celle-ci paraît peu plausible

Une autre explication plus judicieuse est relative à l'effort serre-flan appliqué. En effet dans le cas où l'effort serre-flan est trop important, la matière ne peut plus s'écouler dans la cavité matrice et la zone sous rayon poinçon tend à s'amincir rapidement (localisation) jusqu'à rupture. Ceci tendrait à démontrer qu'avec le modèle tabulé, on sous-estime l'effort de retenu nécessaire pour obtenir la coupelle.

2.2.3. Evolution de la transformation

Sur la figure 6.3, on représente la répartition de la fraction volumique de phase produite ainsi que l'évolution du module d'Young. Ces résultats sont donnés sur la surface moyenne de la coque. On peut s'apercevoir sur la figure 6.3.a., que le matériau a subit une transformation quasi-complète dans le pan du godet ($z_{max} = 0,102$ pour un $z_\infty = 0,12$). Cette transition de phase a contribué à augmenter les performances (ductilité) du composant pendant la phase de mise en forme mais pénalise aussi la raideur élastique du

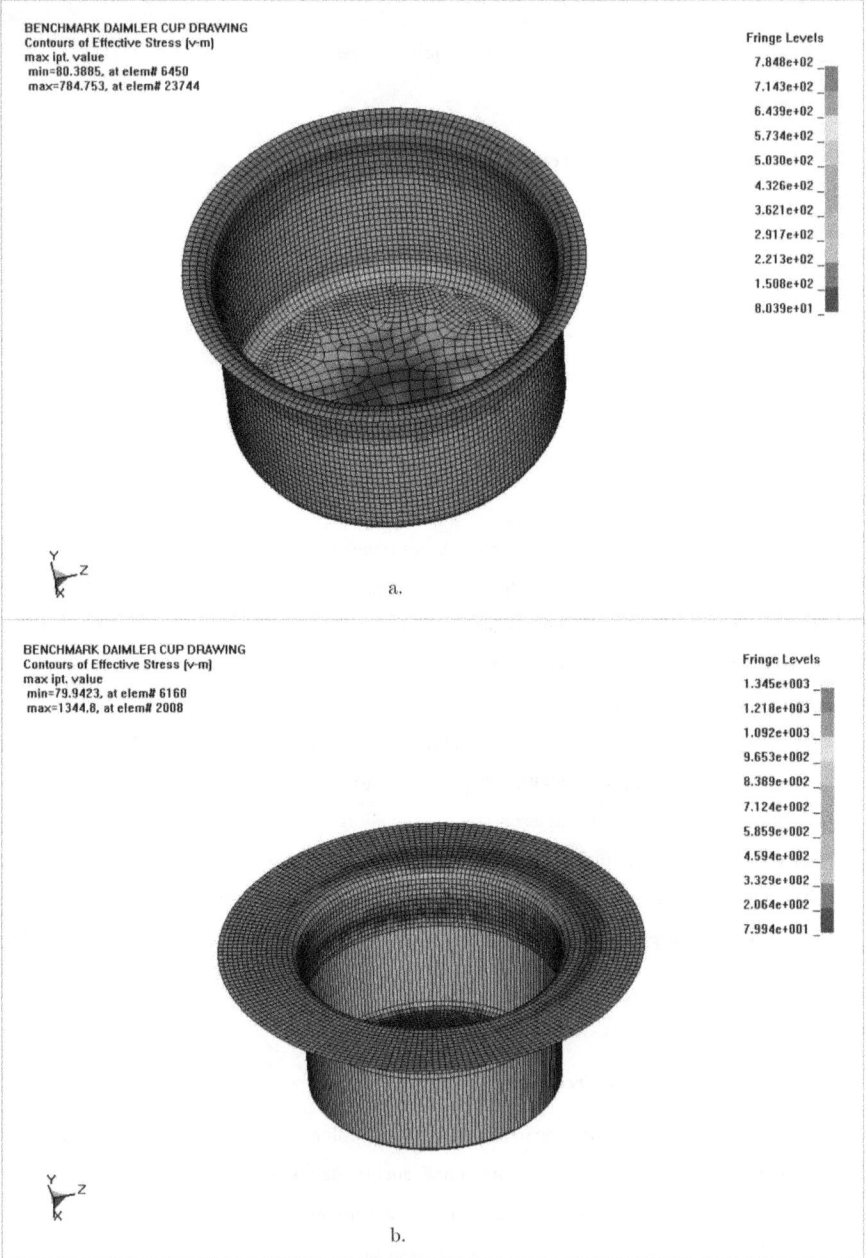

FIGURE 6.2 – *Contours des contraintes effectives obtenues par simulation pour l'essai Daimler-Chrysler : a. Loi d'écrouissage analytique, b. Loi d'écrouissage linéaire par morceaux.*

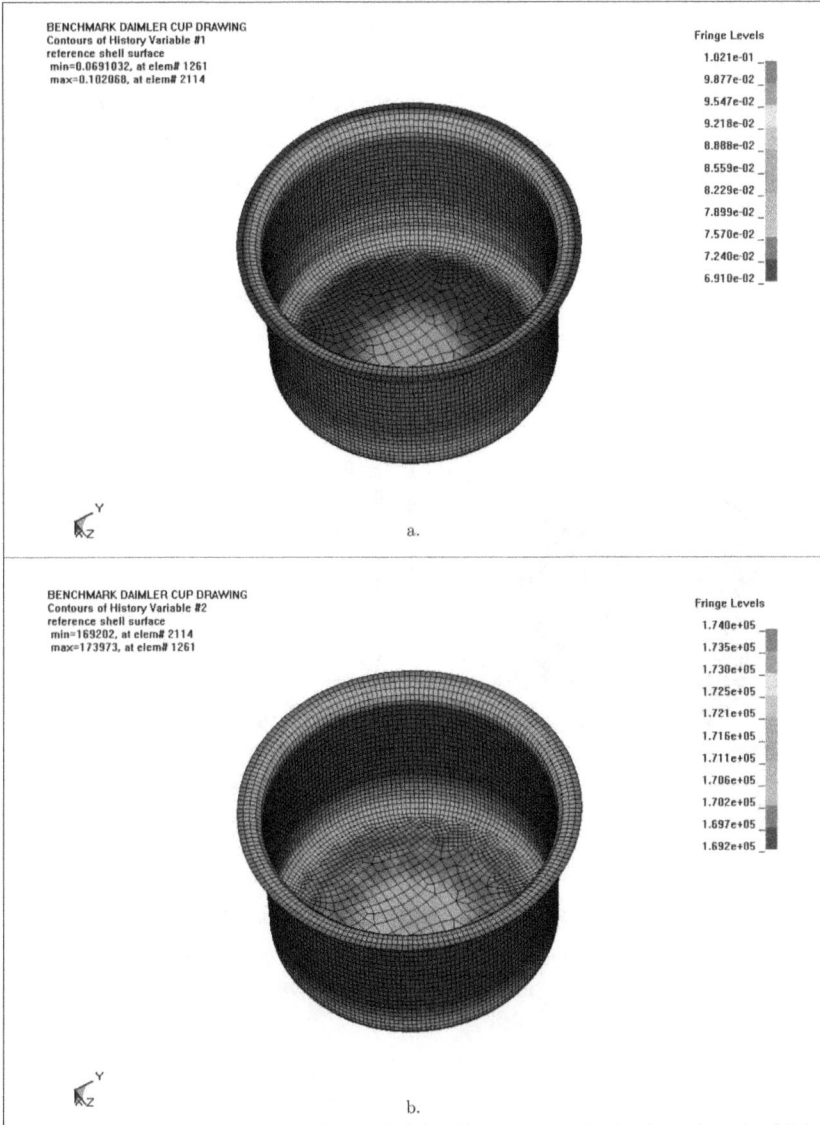

FIGURE 6.3 – *Etude de la transformation : a. Fraction volumique de martensite b. Module d'élasticité longitudinal.*

composant. En effet dans le flan du godet, on peut noter une diminution quasi homogène du module d'Young. La valeur initiale de 202 GPa diminue entre 169,2 GPa à 174 GPa (figure 6.3.b.), selon la position sur l'embouti.

Dans un second temps on représente sur la figure 6.4, l'évolution de la transformation pour un certain nombre d'éléments de la structure. La figure 6.4.a. donne la répartition de l'état de contraintes (triaxialité) et la figure 6.4.b. représente la production de martensite en fonction de la déformation plastique équivalente (écrouissage). Par rapport au constat évoqué précédemment, l'état de contraintes dans le flan du godet est proche de la traction simple alors que la zone sous rayon poinçon tend vers l'état de traction plane. Les différences de sollicitations impliquent naturellement une influence sur l'évolution de la transformation pendant l'écrouissage.

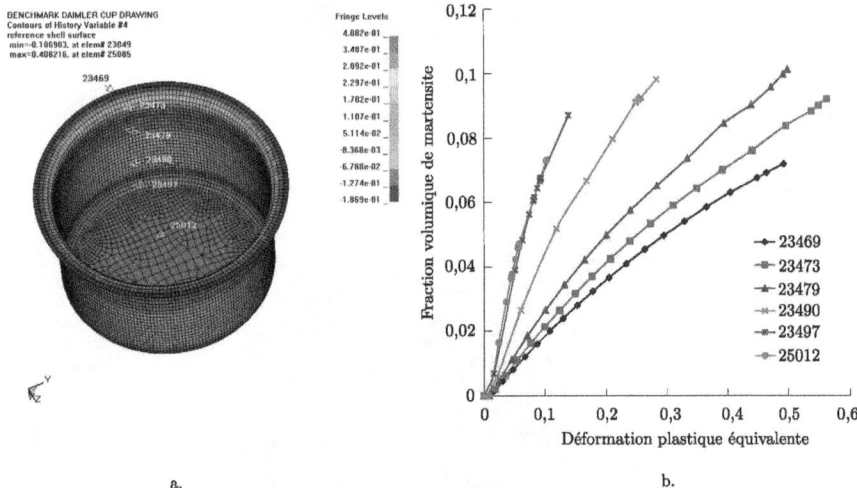

FIGURE 6.4 – *Influence de la transformation : a. Etat de sollicitations en fin de chargement b. Evolution de la fraction de phase en fonction de la déformation plastique pour les éléments considérés.*

2.2.4. Formabilité du composant - Courbes Limites de Formage

Un des critères les plus utilisé par les industriels pour définir la formabilité d'une pièce emboutie est relatif à l'utilisation des courbes limites de formage (CLF). Ces courbes sont obtenues expérimentalement [59][112] et sont coûteuses et difficiles à obtenir. Un autre moyen d'apprécier la formabilité des composants repose sur l'utilisation de la modélisation. Un certain nombre de travaux sur le domaine ont été mis en oeuvre comme l'approche de Marciniak et Kuczynski [85] ainsi que de l'utilisation de critères de striction basés sur l'analyse linéaire de stabilité (ALS) par Molinari [90]. Boudeau [19], puis Lejeune et al.[76] ont étendu ce critère, Thibaud et al.[114] ainsi que Lejeune [76] ont proposé l'introduction d'un modèle d'endommagement de type Lemaître [77] dans le modèle original de l'ALS permettant de prendre en compte la perte de formabilité dans le domaine de l'expansion. On a alors appliqué cette méthode pour construire numériquement la courbe limite de formage de l'acier TRiP700 (Thibaud et al.,[114]). Les CLF expérimentales de ce type d'acier ne sont pas disponibles. En effet, il a été jusqu'à présent impossible d'obtenir des informations relatifs à ces résultats.

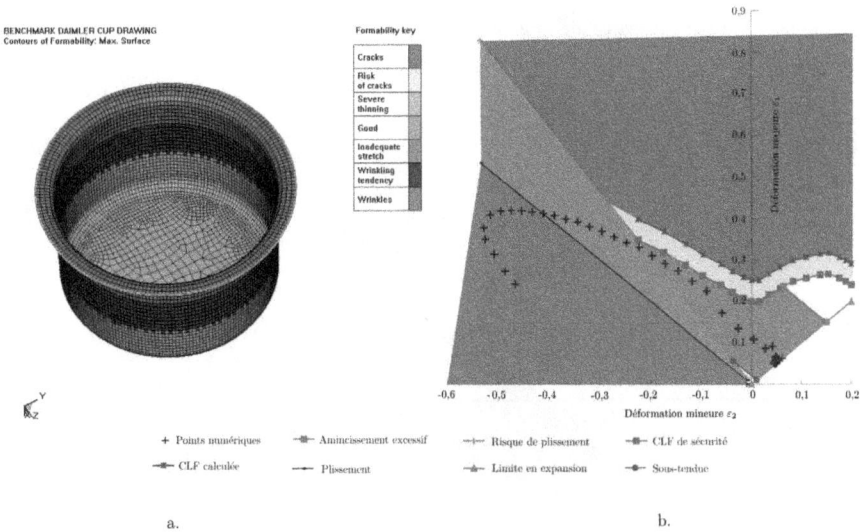

a.   b.

FIGURE 6.5 – *Critère de formabilité : a. Diagramme des critères de formabilité*
b. Courbe limite de formage associée à la coupelle en acier TRiP700.

On tentera alors dans le cas, où il sera possible d'obtenir expérimentalement ces courbes de les comparer. Néanmoins dans un premier temps, on considérera que la méthode ALS permet d'obtenir une courbe limite de formage proche de la réalité. De plus, pour les simulations, la prédiction de la formabilité se fait en considérant une marge de sécurité par rapport aux résultats de l'ALS (la courbe numérique de sécurité est réduite d'un facteur de 20% par rapport à la précision ALS de marge).

Sur la figure 6.5.a., on a représenté les contours des courbes limites de formages et la figure 6.5.b. donne les CLF avec la position et le chemin suivi par les points considérés au cours du formage.

Si l'on admet la validité de la courbe limite de formage, cette figure montre qu'il est possible d'obtenir le composant. Cependant, il faudra veiller à l'application d'un effort de retenu serre-flan plus important en fin de formage pour limiter le risque de plis.

3 Hydroformage d'un tube en forme de T

3.1 Présentation de l'étude

On se propose de simuler l'hydroformage d'un tube en T. Cette étude a été réalisée par Labergère [68] sur un alliage d'aluminium qui a par ailleurs proposé un algorithme de contrôle du procédé. La géométrie de l'outillage est représentée sur la figure 6.6. L'épaisseur initiale du tube est de 2,1 mm pour un diamètre extérieur de 57mm.

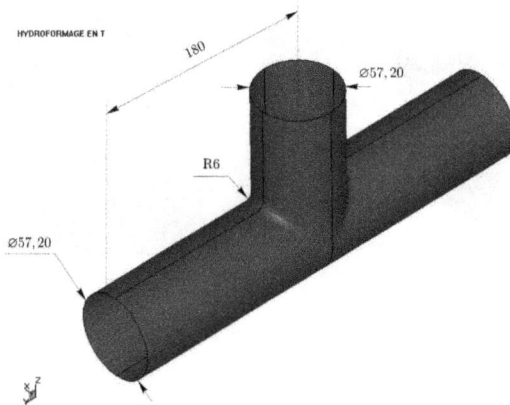

FIGURE 6.6 – *Géométrie de la matrice en forme de T (Dimensions en mm).*

3.2 Lois de commande du procédé

Sur la figure 6.7, on donne les lois de commande du procédé en fonction du facteur de chargement τ, permettant d'obtenir le composant :

– la loi de pression,

– le déplacement des pistons,

– l'effort de contre-poussée.

Les pistons permettent d'assurer l'étanchéité de la cavité sous pression et favorisent par ailleurs l'avalement du tube dans la forme en T. Le piston de contre-poussée assure quant à lui une régulation de la formation du dôme.

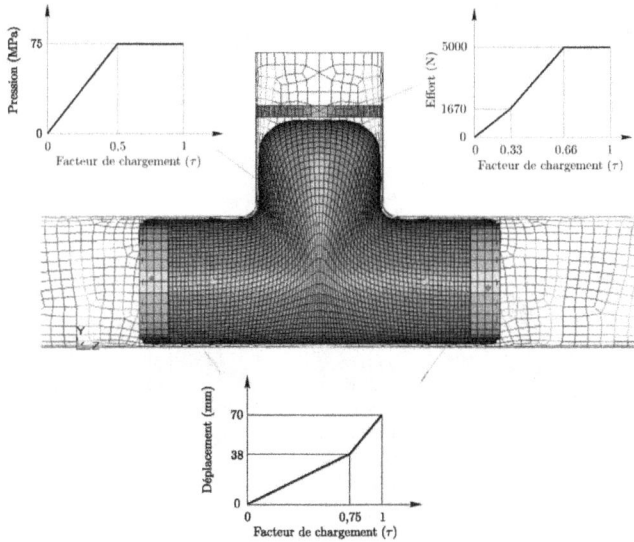

FIGURE 6.7 – *Lois d'évolutions utilisées pour obtenir la forme en T*

3.3 Evolutions des variables internes

Les simulations sont menées avec un maillage de 1000 éléments et prise en compte des symétries matérielles (isotropie) et géométriques. Le calcul a été réalisé sur un PC avec un processeur AMD 2400+ à 1GHz de Ram dans une durée de 1h 1min et 33s avec 5 points d'intégration dans l'épaisseur.

On représente alors sur la figure 6.8, les contours de la contrainte équivalente (a.), d'épaisseur (b.), de la fraction volumique de martensite (c.) ainsi que du module d'Young (d.). Il est à noter que l'on fait l'hypothèse que le comportement d'un tube et d'une tôle sont les mêmes. Or seuls les tubes obtenus à partir de tôles par roulage puis soudage de tôles peuvent justifier de l'utilisation d'une loi de comportement relative à une tôle. Par contre dans le cas d'un tube obtenu par tréfilage ou laminage donc sans soudure, la corrélation semble moins directe. Néanmoins dans cet exemple, on montre la possibilité de simuler le procédé avec une loi plus adaptée qu'une loi interpolée.

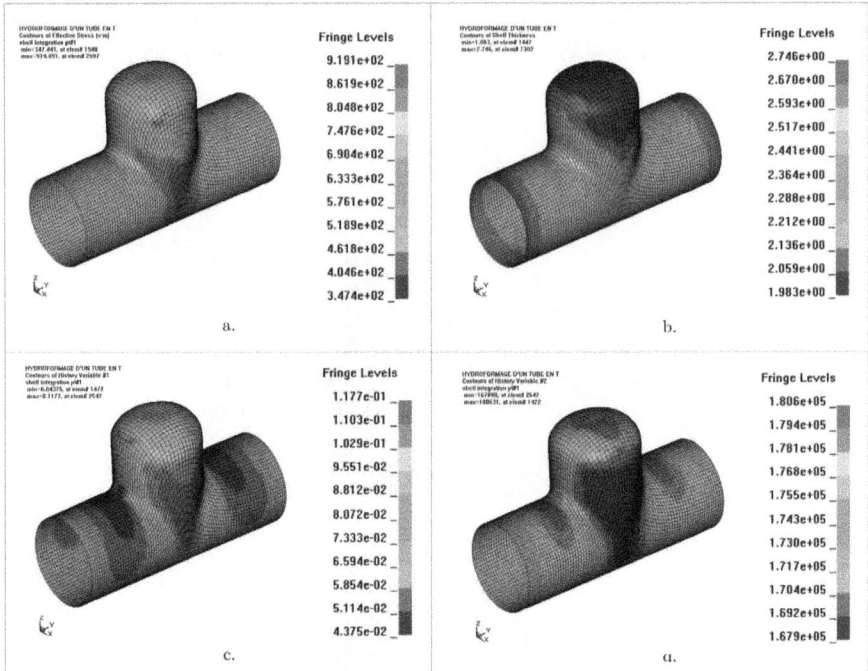

FIGURE 6.8 – *Contours des champs de contrainte équivalente (a.), des épaisseurs (b.), de la fraction volumique de phase produite (c.) et du module d'élasticité (d.), pour un composant hydroformé en forme de T.*

On peut alors aussi noter que le type de commande influence la transformation dans certaines zones du composant. En effet, dans le cas des lois d'évolutions utilisées, la zone se trouvant sous le contre-piston ne s'amincie pas de manière conséquente et la transformation n'est quasiment pas activée. Néanmoins dans la zone de raccordement en T et la matrice, le tube est fortement sollicité et la transformation est effective. Il est donc nécessaire d'introduire un contrôle de l'évolution de la transformation selon des critères de faisabilité de la pièce. L'algorithme de contrôle proposé par Labergère [68] est à l'heure actuelle en cours d'adaptation pour permettre de contrôler le procédé sur la plate-forme LS-DYNA. Aucune approche liée aux courbes limites de formage n'a été employée dans cette étude. En effet, les CLF sont étudiées et construites pour l'emboutissage et la corrélation avec l'hydroformage de tubes n'a pas été prouvée. Néanmoins dans une première approche, les CLF donnent certaines réponses quant à la formabilité du composant.

4   Influence du comportement en service

L'utilité de prendre en compte la variation du module d'Young lors de la simulation des procédés d'emboutissage et d'hydroformage n'a pas encore été formellement démontrer. On se propose alors dans la suite de ce chapitre de démontrer la réelle influence de cette variation sur la prédiction du retour élastique ainsi que sur l'analyse du comportement dynamique (analyse modale et impact) de la structure en service.

4.1   Influence de la transformation sur le retour élastique

Cette influence a déjà fait état d'un exposé dans le chapitre 2. Néanmoins afin de montrer l'influence relative de ce paramètre sur la prédiction du retour élastique, on considère un test de pliage d'une tôle d'épaisseur t sur une forme circulaire comme représenté sur la figure 6.9.

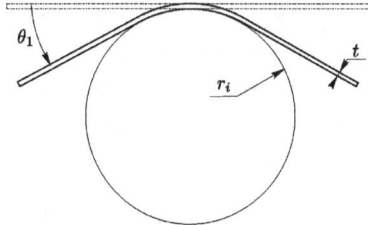

FIGURE 6.9 – *Expérience de pliage circulaire d'une tôle mince et représentation paramétrique.*

Une analyse théorique permet de remonter à l'expression de la variation d'angle $\Delta\theta/\theta_1$ en considérant que la déformation est parfaitement plastique (limite élastique σ_y), soit

$$\frac{\Delta\theta}{\theta_1} = 4\left(\frac{r_i\sigma_y}{Et}\right)^3 - 3\left(\frac{r_i\sigma_y}{Et}\right) + 1 \tag{6.2}$$

où r_i est le rayon de pliage et θ_1 l'angle de pliage. $\Delta\theta$ est relatif à la variation d'angle obtenue après retour élastique. On note alors que la relation (6.2) est un polynôme du troisième ordre en $1/E$. Ceci montre que dans le cas d'un matériau possédant une faible raideur matérielle et géométrique (module d'Young faible), la variation d'angle sera plus prononcée. Il est donc important de prendre en compte la variation du module d'Young pour prédire correctement la variation de forme due au retour élastique. Dans la suite, on s'attachera à présenter des études avec résultats connus pour permettre de quantifier la fiabilité des algorithmes de prédiction du retour élastique. Dans l'immédiat, on présente le module programmé pendant cette thèse dans le code Polyform et reprenant les considérations développées par Joannic [57] concernant l'approche implicite par la simulation du retour élastique en emboutissage.

4.2 Prédiction du retour élastique - aspects numériques

Comme on en a fait état, la simulation des procédés de mise en forme est menée à l'aide d'un code de calcul de type dynamique explicite. Cependant dans le cas de l'étude du retour élastique, ce phénomène est considéré comme résultant d'une analyse quasi-statique. Or, il est en principe peu pertinent d'utiliser un code de type explicite pour ce type d'étude pour deux raisons essentielles. La première est liée au domaine d'utilisation du calcul. En effet, l'utilisation d'un code de dynamique transitoire permet de considérer des phénomènes rapides, ce qui n'est pas forcément le cas des phénomènes observés. La seconde raison est liée à la méthode explicite en elle-même et à sa validité pour la simulation des phénomènes à réponses de type masse fréquence. La résolution des problèmes de retour élastique par des méthodes explicites est basée sur la relaxation dynamique de la pièce étudiée. Or les temps de calcul deviennent prohibitifs lorsque l'on souhaite tendre vers un équilibre proche de l'équilibre quasi-statique. Pour s'approcher de l'état d'équilibre, on utilise très souvent d'un terme d'amortissement proportionnel à la matrice de raideur et de masse. Cet amortissement est purement numérique et l'identification des paramètres adéquats est souvent difficile.

De plus, on a fait état que dans le cas où l'analyse ne présenterait pas de fortes instabilités géométriques (dans le cas de l'emboutissage, elles sont dues aux phénomènes de plissement et de contact), la méthode implicite était plus performante. On s'oriente alors vers le développement d'un module de retour élastique basé sur une résolution quasi-statique implicite. Le principe de la prédiction numérique du retour élastique est alors mené en deux étapes.

Premièrement, on considère que le retour élastique est du au relâchement des contraintes engendrées par les outils au sein du matériau lors du retrait de ceux-ci. Numériquement cela se traduit par le retrait ou l'élimination des outils et l'application au composant des efforts résultants du contact. Ces efforts permettent de prendre en compte le fait que les outils empêchent le flan de se libérer.

On considère alors que le composant est toujours contraint et en équilibre statique. Cette phase est la plus importante pour l'initialisation de la prédiction du retour élastique. En effet, dans le cas où la simulation du procédé de mise en forme n'est pas menée correctement, i.e. menant à une mauvaise prédiction des contraintes, l'initialisation de la phase quasi-statique mènera inexorablement à une solution "pauvre" (une solution pauvre désigne que l'on tend vers la forme expérimentale mais avec une erreur très importante). Pour ces raisons, certains auteurs proposent d'utiliser des artifices numériques pour tendre vers la solution quasi-statique après mise en forme (relaxation dynamique, vitesses de sollicitation plus faibles mais augmentation du pas de temps par mass scaling).

Li, Carden et Wagoner [65] ont proposé une étude préconisant certains choix pour simuler le retour élastique basée sur l'étude de sensibilité de paramètres pouvant être regroupés selon deux catégories : les paramètres numériques et les paramètres matériels.

En effet, la prédiction du retour élastique par la voie numérique et très sensible à la phase de formage (Mattiasson et al. [58],Lee et Yang [74]), le degré d'enrichissement des éléments finis utilisés (Li et al. [63]), le schéma d'intégration et de déchargement (Narasimhan et Lovell [94],Li et al. [64]). Du point de vue du matériau, elle est aussi sensible à l'écrouissage (Hans et Park [52]), à l'évolution des propriétés élastiques (Morestin et Boivin [91],Yoshida et Uemori [120], Thibaud et al. [114][113]), à l'anisotropie matérielle (Geng et Wagoner [43]) ainsi que l'effet Bauschinger (Geng et Wagoner [43], Yoshida et Uemori [120]).

Un autre aspect est lié au type d'éléments utilisés. Dans le cas où le rapport entre rayon minimum de l'outil et l'épaisseur du flan initial est plus grand que 5 ou 6, on préconisera l'utilisation d'éléments coques standards, dans le cas contraire des éléments de coques enrichis ou volumiques s'imposent.

Un dernier point est alors relatif dans le cas des éléments coques au choix du nombre de points d'intégration dans l'épaisseur. A l'heure des développements, la plupart des simulations mène à l'utilisation d'au moins 5 points d'intégration dans l'épaisseur. Dans ce cas précis, il est préférable d'utiliser les points de Lobatto permettant d'obtenir directement des valeurs sur les faces supérieures et inférieures de la coque. L'étude de Li, Carden et Wagoner tend à montrer que l'utilisation de 51 points d'intégration amène à une erreur relative de moins de 1%, mais ceci n'est pas valable dans le cas de simulations réalisées avec des méthodes explicites. Dans la suite toutes les études présentées utiliseront des coques à 5 points d'intégration.

Une fois ces critères de qualité de calculs déterminés, on peut alors envisager la deuxième phase de la simulation relative aux déchargements des efforts de contacts par une méthode incrémentale de type implicite jusqu'à l'état d'équilibre final, i.e. la modification de forme de la pièce.

4.2.1. Prédiction du retour élastique - méthodologie des simulations

On présente dans cette partie, la méthodologie employée pour la prédiction du retour élastique dans Polyform©. Cependant, malgré des résultats intéressants, il est nécessaire d'approfondir les développements effectués et on présentera les résultats obtenus avec le code commercial LS-DYNA®.

Dans le cas du code Polyform©, la simulation de la phase d'emboutissage ou hydroformage s'effectue par une méthode explicite. Les contraintes et déformations ainsi calculées sont obtenues pour des considérations en petites déformations. Le tenseur des contraintes est alors représentatif au tenseur de

Cauchy $\underline{\sigma}$ et de la même manière le tenseur des déformations de Green-Lagrange se réduit au tenseur $\underline{\varepsilon}$ définit en petites perturbations par

$$\varepsilon_{ij} = \frac{1}{2}\left(\frac{\partial u_i}{\partial x_j^0} + \frac{\partial u_j}{\partial x_i^0}\right) \tag{6.3}$$

Cette hypothèse est validée par le fait que les pas de temps associés à la méthode explicite sont très faibles, et qu'entre deux pas de temps, la position d'un point matériel est très proche de sa position précédente. Néanmoins dans le cadre d'une analyse implicite, les pas de temps sont beaucoup plus importants et l'hypothèse de petites transformations n'est plus valable. Il est alors nécessaire d'employer le tenseur des contraintes de Piola-Kirchhoff $\underline{S}$ défini à partir du tenseur de Cauchy par un transport convectif, soit

$$\underline{S} = J\underline{F}^{T}\underline{\sigma}\underline{F} \tag{6.4}$$

L'hypothèse de petites perturbations n'étant pas valide, le tenseur des déformations utilisé, dans le cas de l'élément coque employé dans Polyform [14][41], est le tenseur de Green-Lagrange défini par

$$E_{ij} = \frac{1}{2}\left(\frac{\partial u_i}{\partial x_j^0} + \frac{\partial u_j}{\partial x_i^0} + 2\frac{\partial u_i}{\partial x_j^0}\frac{\partial u_j}{\partial x_i^0}\right) \tag{6.5}$$

Cependant, dans le cas d'une approche explicite la relation reliant le tenseur des contraintes au tenseur des déformations élastiques par le biais d'une relation linéaire avec le tenseur des complaisances élastiques $\underline{\underline{C}}^e$, n'est plus valable. Et en théorie, la relation

$$\underline{S} = \underline{\underline{C}}^e : \underline{E} \tag{6.6}$$

n'est pas licite. En effet, il est en principe nécessaire d'exprimer un opérateur tangent cohérent avec la loi de comportement. Cependant, dans le cas du retour élastique (dans Polyform), on fait l'hypothèse que le retour élastique se réalise selon une décharge linéaire (déchargement purement élastique) conduisant à des grandes rotations et des petites déformations élastiques. Dans ce cas, on peut utiliser l'opérateur élastique comme approximation de l'opérateur tangent cohérent sans nuire à la convergence de la méthode implicite.

Néanmoins, un problème subsiste. Il est relatif au transfert des champs entre la méthode explicite utilisée pour l'emboutissage et la méthode implicite utilisée pour la simulation du retour élastique. On fait alors l'hypothèse qu'en fin de simulation du procédé de mise en forme et en début de la phase de retour élastique, les relations suivantes sont licites :

$$\underline{S}_0^{imp} = \underline{\sigma}_{\tau}^{exp}; \quad \underline{E}_0^{imp} = \underline{\varepsilon}_{\tau}^{exp} \tag{6.7}$$

où l'indice τ représente l'état de chargement final du procédé de mise en forme. L'initialisation étant faite, on discrétise le déchargement en n incréments, et on réalise la résolution du système linéaire itératif en Δu_{n+1}^i suivant :

$$K_{n+1}^{i-1} \Delta u_{n+1}^i = R_{n+1}^i \tag{6.8}$$

où K est la matrice de raideur définie par

$$K = K^l + K^{nl} + K^{\sigma} \tag{6.9}$$

Le calcul des termes linéaires K^l, non linéaires K^{nl} de raideur et géométriques K^{σ} sont donnés dans [14]. Dans (6.8), le terme R est appelé résidu des efforts nodaux à l'itération i sur l'incrément $n+1$ et est défini par :

$$R_{n+1}^i = (F_{contact})_{n+1}^0 - \Delta F_{contact} - (F_{int})_{n+1}^{i-1} \tag{6.10}$$

$(F_{contact})_{n+1}^0$ représente l'effort de contact au début de l'incrément de déchargement $n+1$, $\Delta F_{contact}$ est l'incrément de déchargement des efforts de contact tandis que $(F_{int})_{n+1}^{i-1}$ représente les efforts intérieurs à l'itération précédente.

Le problème consiste alors en la résolution du système linéaire (6.8), on obtient alors l'incrément de déplacement et on réactualise les déplacements et contraintes jusqu'à obtenir convergence du processus itératif, telle que R_{n+1}^i soit inférieur à une tolérance fixée par l'utilisateur. On passe alors à l'incrément suivant jusqu'à annuler les efforts de contact.

Néanmoins pour mener à bien le calcul, il est nécessaire d'appliquer des contraintes à la pièce (conditions aux limites) afin d'éviter les mouvements de corps rigides. Le lecteur intéressé pourra se référer à la thèse de Joannic [57] ou bien à [65]. La résolution du problème linéaire est effectuée à l'aide d'une librairie de résolution appelée LFMAT (lfmat.sourceforge.net) et dédiée à la résolution de ce type de problème. Elle a été développée au LMARC par Hugo Leclerc [73] et utilise différents types de stockages (sparse, lignes de ciel).

La résolution de l'aspect du retour élastique dans LS-DYNA est sensiblement identique. Néanmoins, un certain nombre d'outils numériques ont été ajoutés pour obtenir une meilleure convergence de l'algorithme de résolution (stabilisation, méthode de résolution du système linéaire, passage vers des éléments complètements intégrés). Afin d'analyser les effets associés au comportement des matériaux étudiés dans la thèse, on s'oriente vers la simulation d'un benchmark proposé dans le cadre de Numisheet 2002 puis vers un test plus sévère : le benchmark Daimler-Chrysler.

4.3 Benchmark Numisheet 2002

Ce test consiste en l'emboutissage d'une forme en U en déformations planes, du fait de la géométrie de l'outillage (figure 6.10), il est aisé de mettre au point le procédé expérimentalement. L'outillage a été conçu pour permettre d'être utilisé sur une machine de traction. Le poinçon n'est pas rigidement lié à la machine façon à permettre un auto-centrage de celui-ci par rapport à la matrice.

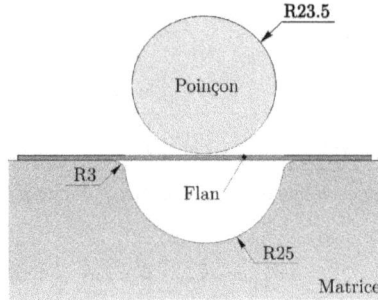

FIGURE 6.10 – *Cotation de l'outil relatif au benchmark de Numisheet'02.*

La phase d'emboutissage est réalisée avec un flan de longueur 120mm, de largeur 30mm et d'épaisseur 1mm. Les calculs sont réalisés avec les codes Polyform et LS-DYNA. Les flans sont maillés avec 500 éléments quadrangulaires pour LS-DYNA et 1500 éléments triangulaires pour Polyform.

4.3.1. Résultats expérimentaux

L'analyse expérimentale conduit à une ouverture du U de 67,24 mm (le moyen de mesure est un pied à coulisse ayant une résolution de 0,02mm). Sur la figure 6.11, on représente le composant après mise en forme (a.) et après le retrait des outils (b.).

4.3.2. Résultats numériques

Sur la figure 6.12, on représente la déformée après retour élastique. Les courbes semblent assez proches les unes des autres.

Si l'on se réfère au tableau 6.3, relatif à la mesure de l'ouverture du U, on peut noter des valeurs proches des résultats expérimentaux. Ceci peut s'expliquer par le fait que ce test est plus relatif à un test de pliage que d'une opération d'emboutissage. L'état de déformation plastique équivalente et maximal obtenu n'excède pas 2,5% et la transformation de phase est quasi-inexistante et donc n'influence pas les résultats associés au retour élastique. Dans ce cas précis, l'approche prenant en compte les variations de comportement et par interpolation sont très proches de la réalité.

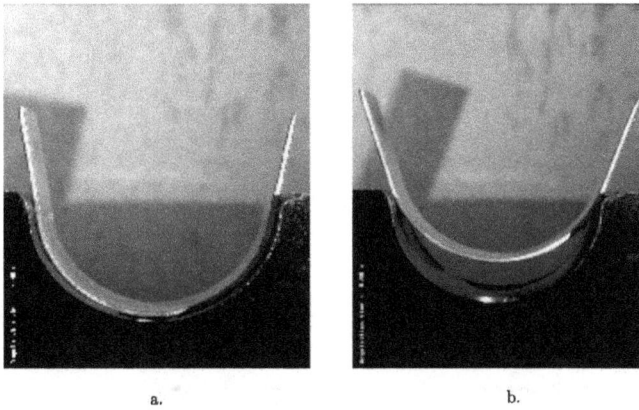

a.   b.

FIGURE 6.11 – *Résultats expérimentaux du benchmark de Numisheet'02 :*
après la phase d'emboutissage (a.) et après retour élastique (b.).

Approche	Expérimental	Interpolation	LSDyna AV	LSDyna SV	Polyform AV
Ouverture (mm)	67,24	66,82	67,037	66,96	67,8225
erreur (%)	0	0,6	0,3	0,4	-0,9

TABLE 6.3 – *Comparaisons entre résultats numériques et expérimentaux,*
avec le modèle sans variation (SV) et avec variation des propriétés élastiques
associées à la transformation de phase(AV) (LS-Dyna et Polyform).

4.4 Applications au cas du benchmark Daimler Chrysler

4.4.1. Principe de l'étude

L'apport de la transformation étant plus que négligeable, on s'oriente vers la simulation du retour élastique dans le cadre du benchmark Daimler-Chrysler. L'état de déformation étant beaucoup plus important, la transformation est activée. On s'orientera alors à démontrer l'influence du comportement sur le retour élastique.

Précédemment, on a présenté l'emboutissage d'un godet cylindrique comme définit dans le benchmark Daimler Chrysler [104]. La seconde phase de ce benchmark est quant à elle relative à l'analyse du retour élastique obtenu à partir d'anneaux cylindriques prélevés comme représenté figure 6.13.

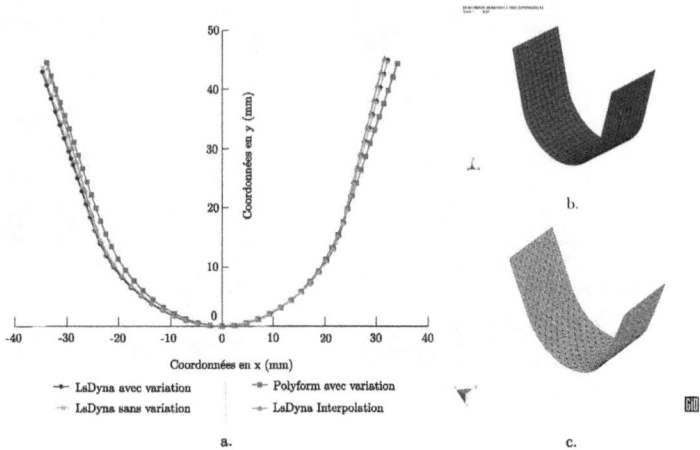

FIGURE 6.12 – *Résultats numériques (a.) obtenus avec les codes LS-DYNA (b.)*
et Polyform (c.).

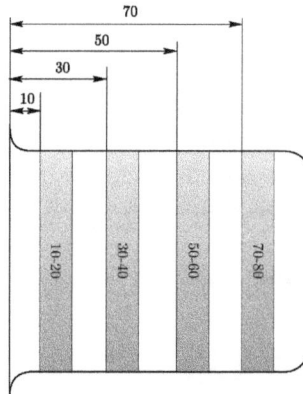

FIGURE 6.13 – *Position des anneaux prélevés dans la partie cylindrique du*
godet après emboutissage.

4.4.2. Opération de détourage numérique

L'opération de détourage numérique consiste à prélever les anneaux à partir des résultats de la simulation de l'emboutissage de façon similaire au prélèvement par découpage mécanique sur les godets emboutis. Le détourage n'induit pas de contraintes mécaniques sur les anneaux, mais permet d'obtenir un nouveau maillage à partir du précédent et adapté à la géométrie de l'anneau prélevé.

4.4.3. Séparation des maillages

La suite des opérations consiste en une opération de découpage axial des anneaux le long d'une génératrice. La génératrice opposée est alors contrainte (encastrée) pour permettre la prédiction du retour élastique et éviter les mouvements de corps rigide lors de la phase de prédiction.

FIGURE 6.14 – *Modèle utilisé pour la prédiction du retour élastique à partir des anneaux prélevés dans le godet embouti (exemple sur l'anneau 10-20 mm).*

Cette opération est alors menée en doublant les noeuds positionnés sur ce bord et en créant des nouveaux éléments permettant de relâcher la structure. On voit ici, l'intérêt de simuler modèle initial complet sans utiliser la symétrie radiale. Le modèle considéré est alors défini sur la figure 6.14.

4.4.4. Prédiction du retour élastique

On développe alors la simulation du retour élastique sur les quatre anneaux correspondant aux positions (10-20,30-40,50-60 et 70-80) de l'axe du cylindre. On bloque les noeuds se trouvant sur l'unique plan de symétrie afin d'éviter tout mouvement de corps rigides. Dans le tableau 6.4, on donne le bilan des temps de calcul et du nombre d'incréments nécéssaires pour que les simulations convergent vers la position stable après ouverture de l'anneau.

Sur la figure 6.15 on représente la prédiction du retour élastique observé dans le cas du modèle.

Dans le cas du modèle, on peut noter une ouverture prononcée de l'anneau 10-20 jusqu'à une fermeture de l'anneau 70-80 (retour élastique négatif). Entre ces deux évolutions, on peut voir une certaine linéarité dans l'ouverture des anneaux du fond du godet vers le sommet. Cette évolution semble correcte si l'on

Loi	Modèle avec variation des propriétés élastiques	Modèle sans variation des propriétés élastiques
Temps	3min17s	3min16s
Incréments	12	11

TABLE 6.4 – *Comparaison des temps de calculs et du nombre d'incréments nécessaires à la prédiction du retour élastique pour un modèle comportant les quatre anneaux*

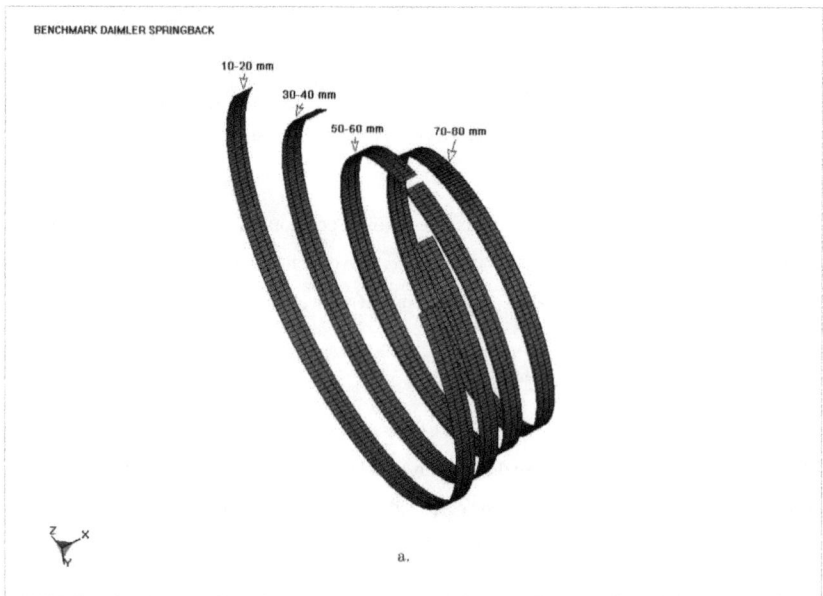

FIGURE 6.15 – *Résultats de simulation du retour élastique des anneaux découpés à partir d'un godet embouti.*

se réfère à l'étude de ce même benchmark sur un acier DC04. Néanmoins aucune fermeture n'a été constatée expérimentalement sur l'acier DC04. Il est donc nécessaire de vérifier ces résultats par une analyse expérimentale.

4.4.5. Comparaison des résultats

On s'e préoccupe à présent de comparer l'influence de la prise en compte ou non de la variation du module d'Young dans les simulations. Sur ces résultats (figure 6.16), on montre que celle-ci n'est pas négligeable.

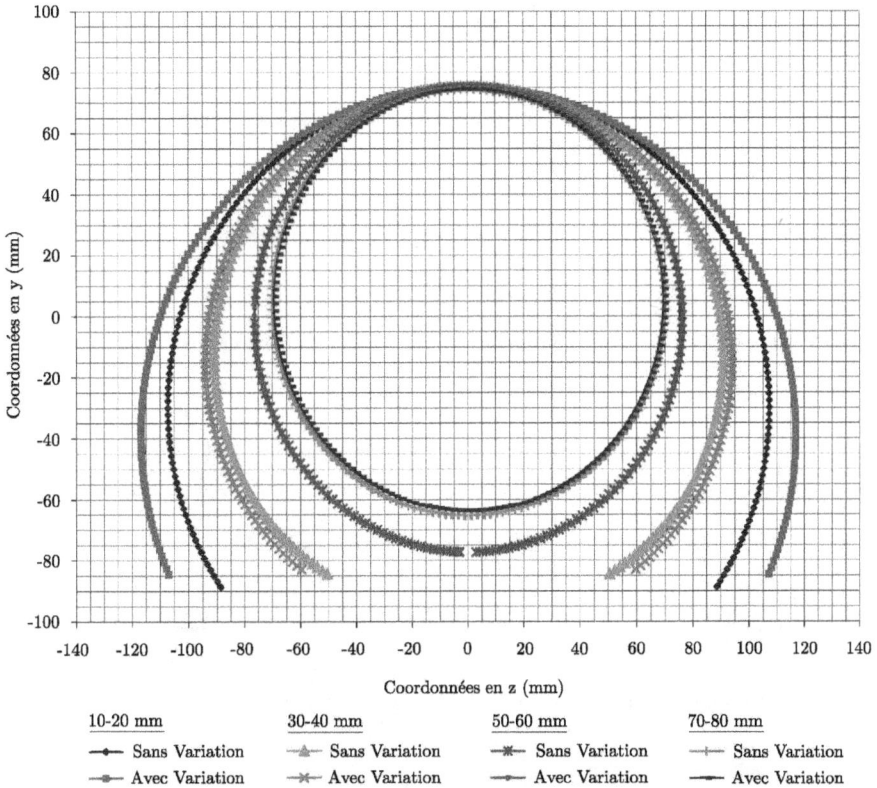

10-20 mm	30-40 mm	50-60 mm	70-80 mm
Sans Variation	Sans Variation	Sans Variation	Sans Variation
Avec Variation	Avec Variation	Avec Variation	Avec Variation

FIGURE 6.16 – *Comparaisons entre modèle avec/sans prise en compte de la variation du module d'élasticité*

Dans le tableau 6.5, on donne le rayon de chaque anneau après relaxation des contraintes, ainsi que l'erreur associée à l'approche sans variation de module avec le modèle avec variation. Une fois de plus, il est nécessaire pour justifier cette approche de corréler les résultats avec l'expérience. L'importance de la variation des propriétés élastiques contribue dans certains cas à une augmentation du retour élastique.

Anneau	10-20	30-40	50-60	70-80
Rayon (AV)	115,75	96,06	76,56	69,62
Rayon (SV)	105,96	91,67	76,38	70,39
Erreur (%)	8,5	4,6	0,25	-1,11

TABLE 6.5 – *Comparaison des résultats obtenus sur les quatre anneaux avec variation (AV) et sans variation (SV).*

Malgré tout, on doit noter qu'une partie de la modélisation n'a pas encore été considérée. Elle est relative à la prise en compte de l'écrouissage cinématique. En effet, l'implantation de la variable interne due à l'écrouissage a déjà été présentée, mais afin de la prendre en compte il faut identifier les paramètres matériaux, ce qui est envisagé grâce à l'utilisation de l'appareillage décrit dans le chapitre 3, mais n'est pas développé dans le cadre de cette thèse.

4.5 Influence de la transformation sur le comportement dynamique

4.5.1. Motivations

La méthode vibrométrique a été utilisée pour identifier l'évolution du comportement dynamique d'une poutre et aboutir à l'évolution du module d'élasticité. En reprenant l'expression des fréquences propres d'une poutre, on obtient

$$f_n = \frac{\lambda_n^2}{2\pi l^2} \sqrt{\frac{EI}{\rho S}} \tag{6.11}$$

Il résulte de cette relation que la fréquence est proportionnelle à $\sqrt{E}$, donc une diminution du module d'Young implique une diminution des fréquences propres. On doit donc s'attendre à observer ce type de phénomène lors de l'analyse modale d'un composant embouti.

4.5.2. Méthodes numériques

Afin d'identifier les modes propres de la structure (fréquences propres et déformées modales associées), il est nécessaire de résoudre le problème aux valeurs propres suivant :

$$\left(\underline{K} - \omega_v^2 \underline{M}\right) y_v = 0 \tag{6.12}$$

où K est la matrice de raideur du problème linéaire, M est la matrice masse et y_v est la v-ième déformée propre associée à la pulsation propre ω_v. Dans le cas de Polyform, on utilise la bibliothèque Newmat (http://www.robertnz.net). La résolution du système aux valeurs propres défini par l'équation (6.12) est basée sur un algorithme de Jacobi. Cependant pour des problèmes à grandes échelles, cet algorithme n'est pas efficace et les temps de calculs sont trop importants. Dans le cas de LS-DYNA, le solveur est basé sur l'utilisation d'un algorithme de Lanczos et propice à la résolution de problèmes de très grande taille. On présente ainsi dans la suite les résultats obtenus avec LS-DYNA.

4.5.3. Application à un composant automobile

On tente une analyse relative au comportement dynamique d'une coupelle d'amortisseur d'un véhicule automobile. La coupelle d'amortisseur est une pièce permettant de fixer l'amortisseur à la caisse du véhicule. Lors de l'utilisation du véhicule, ce composant est donc sollicité dynamiquement par l'amortisseur (système masse+ressort+amortisseur). Il est donc nécessaire de connaître les modes propres de la structure pour que ceux-ci soit hors de la plage des fréquences de sollicitations de l'amortisseur.

4.5.4. Phase d'emboutissage

On réalise la simulation de l'emboutissage de la coupelle d'amortisseur en TRiP350/700. Le flan initial est rectangulaire (420mm×380mm) et maillé avec 5600 éléments. L'épaisseur initiale du flan est de 1 mm. L'effort serre-flan correspond à une valeur constante de 400kN. Dans l'approche industrielle, on considère l'utilisation de joncs de retenue pour limiter localement l'avalement du flan. Néanmoins, ne connaissant pas la valeur des efforts normaux et de retenue de ces composants, on préférera ne pas en utiliser. On doit donc s'attendre à des déformations importantes dans certaines zones. Cependant, le but de cette approche est de montrer l'influence du procédé d'emboutissage sur comportement dynamique du composant obtenu. Dans ce cas, on poursuit l'analyse modale en observant que le test de formabilité n'est pas validé. Sur la figure 6.17, on représente la répartition de la contrainte équivalente (a.), des épaisseurs (b.), de fraction volumique de martensite (c.) et du module d'Young (d.). Ces répartitions sont données sur la surface moyenne des coques.

On peut une fois encore s'apercevoir de l'influence de la plasticité de transformation dans les zones fortement contraintes ainsi que la modification des propriétés élastiques. Afin de démontrer la nécessité des joncs de retenus, on présente dans la suite une étude sur la formabilité du composant basée sur les courbes limites de formage.

4.5.5. Formabilité du composant

De la même manière que lors de l'analyse du benchmark Daimler-Chrysler, on représente sur la figure 6.18.a les critères de formabilité ainsi que la répartition des points dans l'espace des CLF (6.18.b.). On

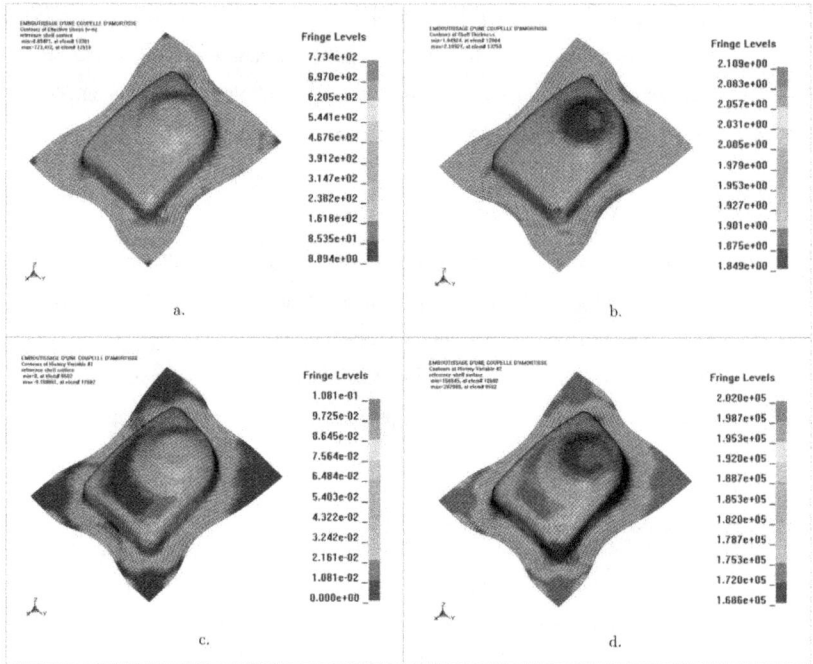

FIGURE 6.17 – *Distributions de contrainte équivalente (a.), des épaisseurs (b.), de la fraction de phase produite (c.) et du module d'Young (d.)*

peut rapidement en conclure qu'en principe la réalisation de la coupelle n'est pas possible puisqu'il existe des zones de risque de rupture. Ce résultat paraît logique puisqu'il est en tout état de cause nécessaire d'utiliser des joncs de retenue.

Néanmoins la courbe limite de formage du matériau, on ne peut pas poursuivre l'analyse. On propose donc par la suite de continuer les investigations en analysant les résultats au niveau du comportement vibratoire.

4.5.6. Influence du procédé de fabrication sur l'analyse vibratoire

Afin de comparer les différentes investigations pouvant être menées, on s'oriente vers la simulation de trois cas :

– Le premier est relatif à l'étude dynamique du composant vierge de toutes contraintes, i.e. la géométrie finale avec un état de sollicitations nulles, une épaisseur constante et une répartition homogène du module d'Young (approche standard correspondant à la définition nominale),

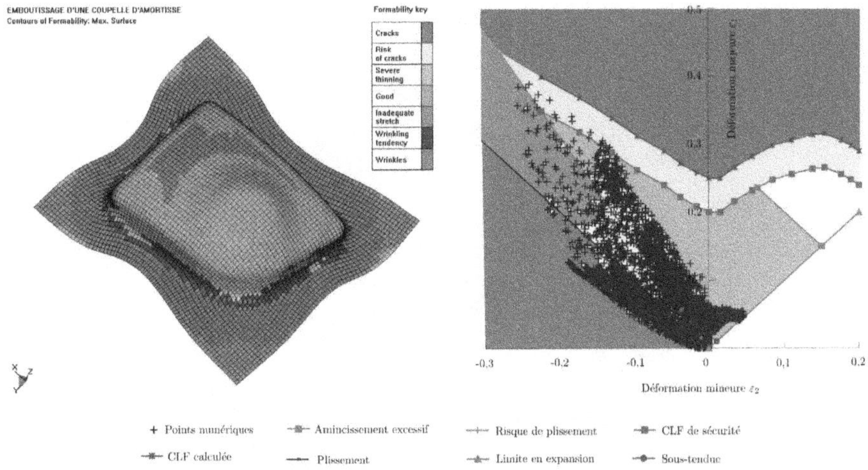

FIGURE 6.18 – *Analyse de la formabilité d'une coupelle support d'amortisseur : a. Diagramme des critères de formabilité b. Courbe limite de formage associée à la coupelle support d'amortisseur en acier TRiP700.*

– Le second cas est lié à la prise en compte des effets de mise en forme sur le composant sans la prise en compte de la variation du module d'Young,

– Le dernier cas consiste en la prise en compte simultanée des effets de mise en forme et de la déformation sur la variation du module d'élasticité associée à la transformation de phase.

Les simulations du procédé de mise en forme étant effectuées, on réalise alors une opération de tombage de bord. Cette opération consiste à découper la partie de la pièce emboutie non nécessaire (superflu de matière). Sur la figure 6.19, on représente la pièce après détourage. Pour poursuivre l'analyse modale, on encastre alors tout les noeuds se trouvant sur le pourtour de la pièce (i.e. où l'opération de détourage a été effectuée). Cet encastrement est représentatif de la soudure de la coupelle sur le châssis de la voiture.

On donne alors dans le tableau 6.6, le récapitulatif des 6 premières fréquences propres pour chacune des approches. Sur la figure 6.20, on représente les déformées propres associées.

Les résultats tendent à démontrer la faible influence de la répartition d'épaisseur (représentée par l'utilisation du modèle sans variation des propriétés élastiques). Par contre, la prise en compte de la variation du module d'Young indique nettement que dans le cas d'une approche standard, on surestime les fréquences. En effet, la modification des propriétés élastiques influence les fréquences avec une erreur

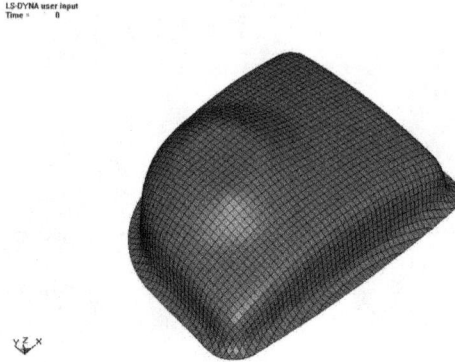

FIGURE 6.19 – *Coupelle obtenue après opération de tombage de bord.*

associée à l'approche standard d'environ 6%.

Mode	1	2	3	4	5	6
Fréquence Std (Hz)	1036,1	1253,4	1674,6	1818	2051,8	2148,9
Fréquence SV (Hz)	1024,1	1240	1661,6	1804	2037,2	2130,7
Fréquence AV (Hz)	979,2	1182	1575,5	1715,5	1930,5	2006,4
Erreur (%)	5,5	5,7	5,9	5,6	5,9	6,6

TABLE 6.6 – *Comparaison des fréquences propres obtenues avec l'approche standard (Std), avec le modèle sans variation (SV) ou avec variation (AV) du module d'élasticité.*

Ceci tend à prouver l'importance de la prise en compte des procédés de mise en forme ainsi que de la variation des propriétés élastiques au cours de l'écrouissage sur le comportement dynamique de la structure. Néanmoins, une corrélation expérimentale est encore nécessaire pour démontrer la validité de cette approche.

4.6 Influence des procédés de fabrication sur le comportement au crash

On s'intéresse maintenant à l'influence de l'emboutissage sur le comportement au crash des composants en TRiP700. On montrera sur un exemple précis, la méthodologie à employer pour mener à bien

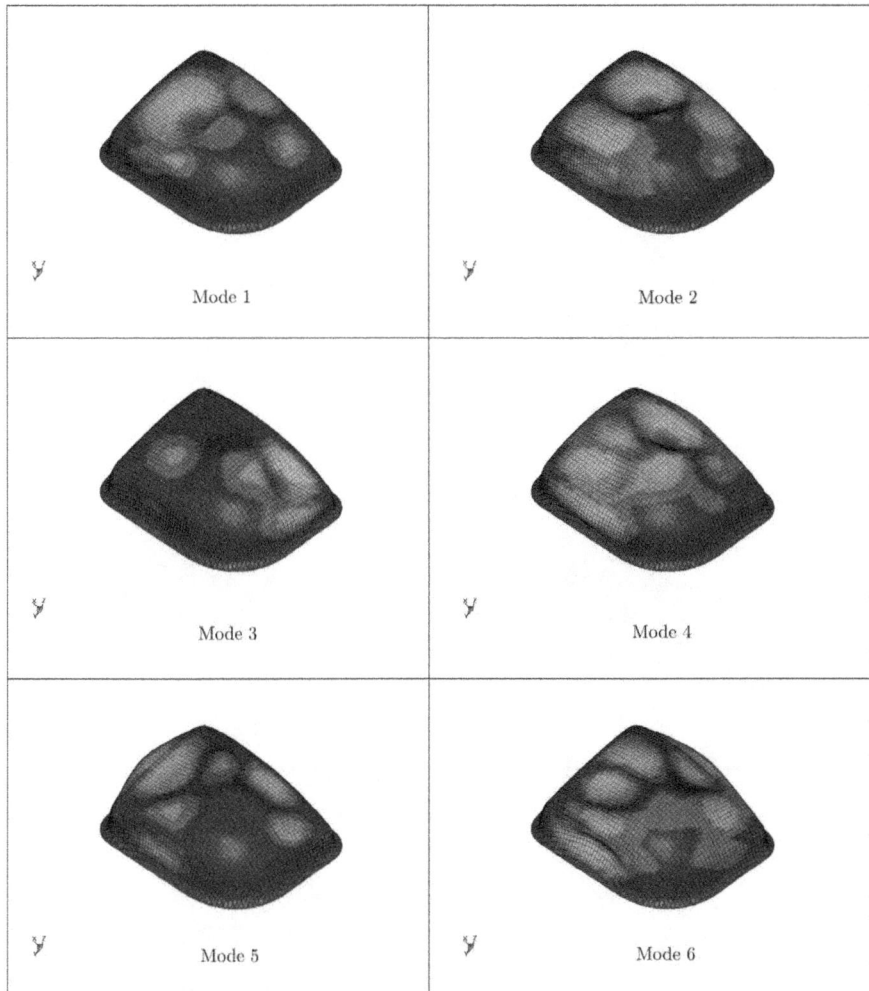

FIGURE 6.20 – *Déformées propres associées aux 6 premières fréquences propres, pour la coupelle support d'amortisseur.*

le processus allant de la phase de mise en forme au crash. On présente l'étude et les résultats obtenus en comparant l'approche avec effet du procédé d'emboutissage (WFE[1]) et l'approche standard, i.e. un composant assemblé avec les côtes nominales du cahier des charges et sans prise en compte de la mise

---

1. WFE : avec prise en compte du procédé de fabrication (With Forming Effects)

en forme (WOFE[2]).

4.6.1. Motivations et application sur un composant automobile

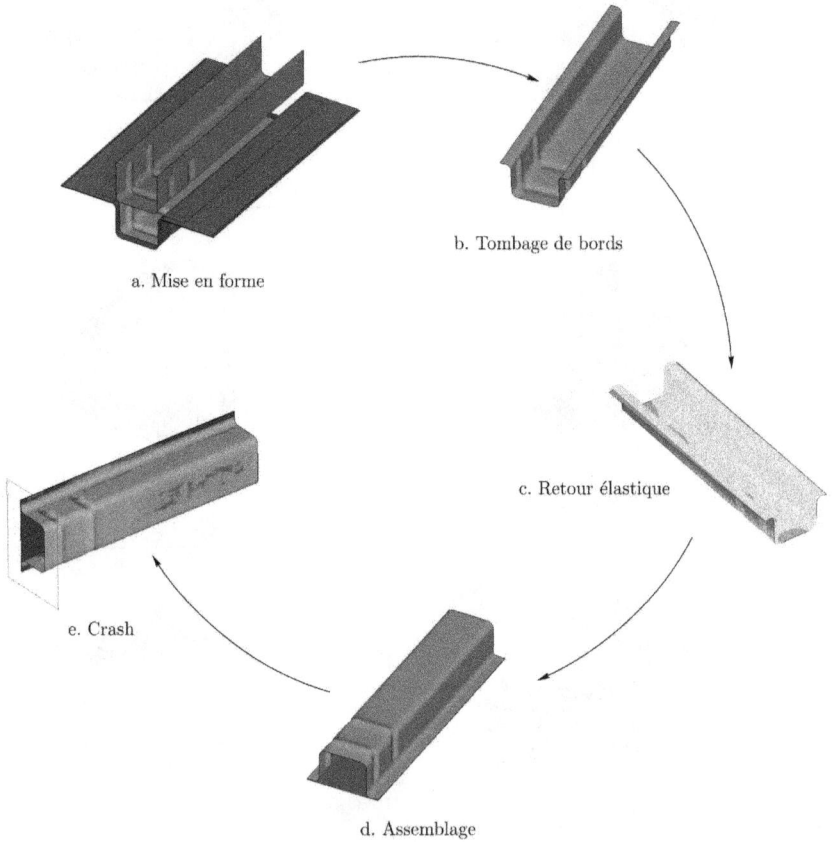

a. Mise en forme

b. Tombage de bords

c. Retour élastique

e. Crash

d. Assemblage

FIGURE 6.21 – *Processus utilisé prenant en considération les phases d'emboutissage (a.), de tombage de bords (b.), de retour élastique (c.), d'assemblage (d.) et sur le comportment au crash (e.).*

Le domaine du crash automobile s'est beaucoup développé depuis une vingtaine d'années et cela en relation avec l'augmentation des méthodologies de simulations et de la puissance des ordinateurs. Plus les performances des machines s'amplifient, plus on tend vers une analyse fine des phénomènes. Dans

---

2. WOFE : Sans prise en compte du procédé de fabrication (WithOut Forming Effects

cette perspective, on s'oriente vers la simulation de l'impact d'un composant de sécurité passive standard. Ce test consiste à impacter avec une masse de 50kg (mur), la partie active d'un composant de sécurité passive automobile à la vitesse de 54 km/h. Le rôle du composant lors d'un crash frontal ou latéral est d'absorber au maximum l'impact. Dans ce but précis, le choix du matériau constitutif de la pièce est primordial et les aciers TRiP sont d'excellents candidats à l'absorption des chocs [5]. On s'oriente alors vers la comparaison entre deux modèles de crash.

Le premier est relatif à la mise en place d'un modèle parfait défini par les caractéristiques suivantes

– les géométries des composants sont définies à la côte nominale (épaisseurs constantes),

– aucune contrainte initiale n'est considérée (pas de précontraintes d'assemblage),

alors que le second prend en compte

– la phase d'emboutissage de la partie dite en chapeau (forme en U),

– les tombages de bords,

– la phase de prédiction du retour élastique,

– la phase d'assemblage des composants entre chapeau et raidisseur (soudures),

– la phase de crash avec la prise en compte des contraintes des phases précédentes et de la variation d'épaisseur et du module d'Young.

Cette méthodologie est représentée sur la figure 6.21 et les différentes phases seront par la suite développées. On tentera alors de démontrer que la prise en compte des opérations à l'assemblage modifie grandement le comportement au crash. Dans la suite, on tentera d'expliquer le sens du processus d'assemblage et de crash sans pour cela entrer dans le cadre d'une étude détaillée. Le lecteur intéressé par les développements, pourra se pencher sur la lecture du rapport de A. Krusper [67] relatif à une étude similaire.

4.6.2. Phase d'emboutissage

Le composant est obtenu par emboutissage standard. Les géométries des outillages sont identiques à l'étude de A. Krusper. La méthodologie est alors basée sur la sauvegarde en fin de procédé de la géométrie du flan, des champs nécessaires (contraintes, épaisseurs, déformations plastique et des variables internes du modèle).

4.6.3. Phase de tombage de bord

Dans la phase de tombage de bords, on élimine la matière non nécessaire après emboutissage. De la même manière que précédemment, on sauvegarde les mêmes champs. Dans cette phase, il est aussi possible d'augmenter la taille du maillage et d'effectuer le un transfert de champs sur les nouveaux éléments, cette procédure est appelée coarsening.

4.6.4. Phase de retour élastique

La phase de retour élastique est importante pour connaître le relâchement des contraintes résiduelles avant assemblage, i.e. identifier la précontrainte qui sera appliquée lors de cet assemblage.

Du fait de la géométrie en forme de U, le retour élastique est prononcé. Il en résulte que les précontraintes sont loin d'être négligeables.

4.6.5. Phase d'assemblage

Cette phase consiste à représenter la liaison entre le raidisseur et le chapeau. Cette liaison est assurée physiquement par des cordons de soudure. Dans le cas des simulations, on s'est donc attaché à représenter les cordons de soudures à l'aide d'éléments spécifiques [105][33]. La liaison est considérée comme élasto-plastique. Le raidisseur étant une tôle, on ne prend pas en compte le découpage et celle-ci est alors considérée à épaisseur constante et non-écrouie.

4.6.6. Analyse de l'impact du composant par un mur rigide

A partir de la simulation des phases précédentes, on récupère alors l'assemblage comprenant le chapeau, le raidisseur et les cordons de soudure. Les valeurs des champs mécaniques sont alors considérés sur le chapeau (contraintes, déformations plastiques, variables internes et épaisseurs). Le composant de sécurité passive est alors encastré à l'extrémité ne comportant pas de bossages (l'intérêt de ceux-ci seront expliqués dans la suite). L'autre extrémité est alors impactée à l'aide d'un mur rigide de 50kg projeté selon l'axe de l'assemblage avec une vitesse initiale de 54 km/h. Le modèle ainsi défini est représenté sur la figure 6.22.

Les simulations sont menées avec LS-DYNA en version MPP et le comportement des matériaux constituant le composant est considéré comme isotrope. Les temps de calculs obtenus sont respectivement de 43h 7min pour le modèle avec prise en compte des procédés et 37h 49min pour le modèle standard .

4.6.7. Résultats et comparaisons

On s'attache maintenant à comparer quantitativement l'approche standard (WOFE) et la méthode proposée (WFE). La figure 6.23 représente les déformées associées à chacune des deux approches. On note alors que dans le cas du modèle WFE (6.23.a.), les bossages jouent le rôle défini initialement et permettent de localiser la déformation en bout de sécurité passive. Néanmoins, lorsque la structure a ab-

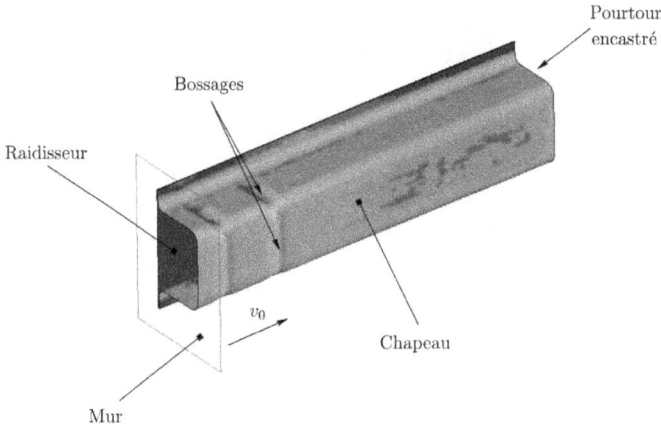

FIGURE 6.22 – *Modèle utilisé pour la simulation du crash d'une sécurité passive avec prise en compte du mode d'obtention du composant.*

sorbé le maximum d'énergie (maximum de l'énergie interne), le mur est repoussé et éloigné. Or, on s'aperçoit que le choc a fait apparaître une rotule plastique proche de l'encastrement, ce qui tend à raidir la structure.

Dans le cas du modèle WOFE (6.23.b.), celui-ci fait lui aussi apparaître une localisation de la déformation (plis) au niveau des bossages mais l'absorption d'énergie est plus longue (mais moins importante) et la simulation fait apparaître un flambage dynamique de la structure.

Les deux approches donnent alors deux résultats bien différents et on s'intéresse à l'effort de réaction au niveau de l'impacteur (mur). La figure 6.24 rend compte de l'aspect visuel que l'on a de l'impact. Sur une durée de 5 ms, la déformation se localise de manière identique dans les deux approches (superposition des courbes). Par contre dès 10 ms un pic d'effort plus important est obtenu pour le cas du modèle WFE. L'explication cohérente de ce phénomène vient de l'apparition d'une zone de faiblesse au niveau de l'encastrement. Celle-ci n'apparaît pas dans le cas de l'approche WOFE puisque la déformation se localise toujours au niveau des bossages.

Cette zone de faiblesse entraîne alors l'apparition d'une rotule plastique conduisant à une augmentation rapide des déformations en ce point. La sécurité passive ne joue pas alors intégralement son rôle, puisqu'elle absorbe un niveau d'énergie plus importante que l'approche WOFE (aire de la courbe plus importante) mais elle ne se déforme pas intégralement lors du choc.

Dans le cas de l'approche WOFE, celle-ci se déforme correctement jusqu'à environ 30 ms, puis une insta-

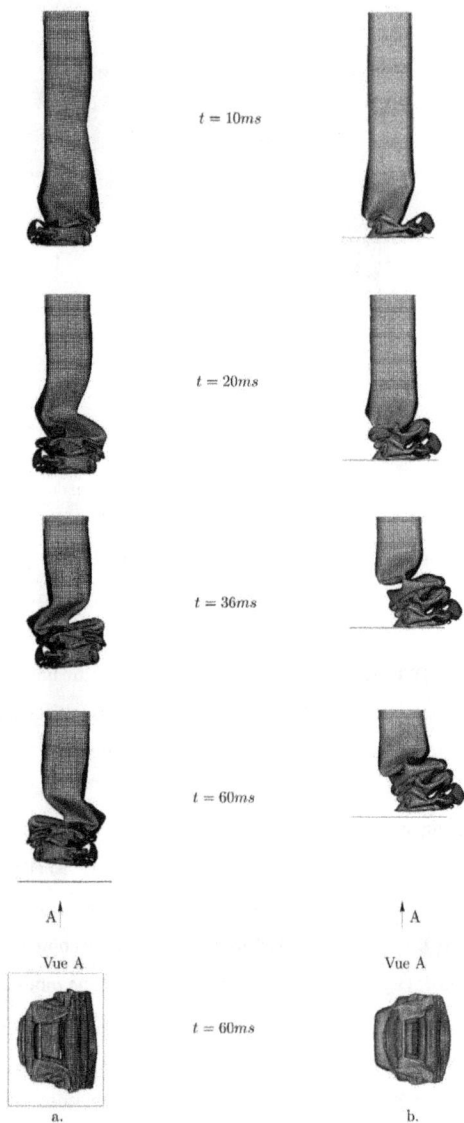

FIGURE 6.23 – *Comparaison des approches avec prise en compte du procédé d'emboutissage (a.) et vierge de toutes sollicitations (b.) à différent stades de l'impact.*

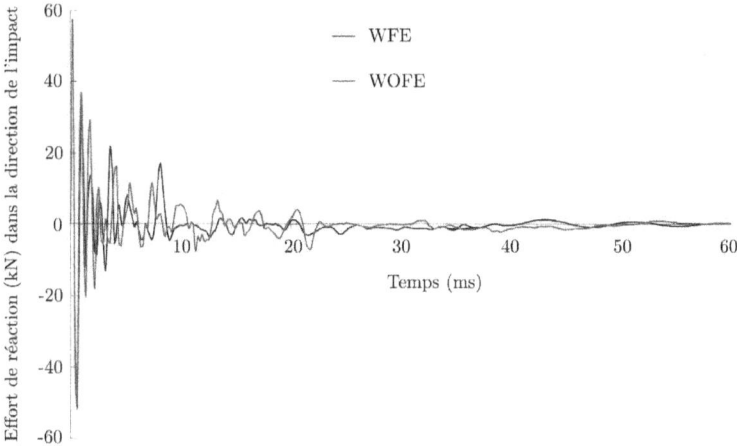

FIGURE 6.24 – *Evolution de l'effort de réaction sur le mur dans le cas de l'approche standard (WOFE) et l'approche proposée (WFE).*

bilité conduisant à un flambage dynamique de la structure apparaît. Celui-ci ne devrait pas apparaître si l'on se réfère à Eriksson et Jonsson [34].

La figure 6.25 représente l'évolution de l'énergie cinétique du composant. On peut noter une certaine similitudes des approches WFE et WOFE jusqu'à 10 ms. Cependant, dans la suite du choc l'énergie cinétique se stabilise puis diminue plus rapidement dans le cas de l'approche avec prise en compte du procédé de fabrication. Dans le cas de la simulation vierge de toute contrainte (WOFE), l'énergie cinétique augmente jusqu'à 15 ms et le ratio des deux évolutions est proche de 2. Ceci peut s'expliquer par l'apparition de la rotule plastique qui "freine" la propagation de l'onde de choc et amène alors à diminuer plus rapidement l'énergie cinétique mise en jeu.

4.7 Simulations avec l'acier inoxydable

Jusqu'à présent, on s'est attaché à simuler le comportement de l'acier TRiP700. Pour ne pas alourdir l'exposé, les simulations existantes et basées sur le comportement des aciers ASS n'ont été présentées. De plus, du fait de la très forte dépendance de ce type d'acier à une faible variation de la température (quelques degrés), on ne s'attache à présenter que certains résultats liés au benchmark Daimler-Chrysler. Sur la figure 6.26, on donne l'évolution de la transformation pour les mêmes éléments que dans le cas du TRiP700. La transformation de phase est alors incomplète et on peut voir ici l'utilité de tels aciers pour des procédés multi-passes. En effet, l'échelle de transformation dans ce type d'acier est

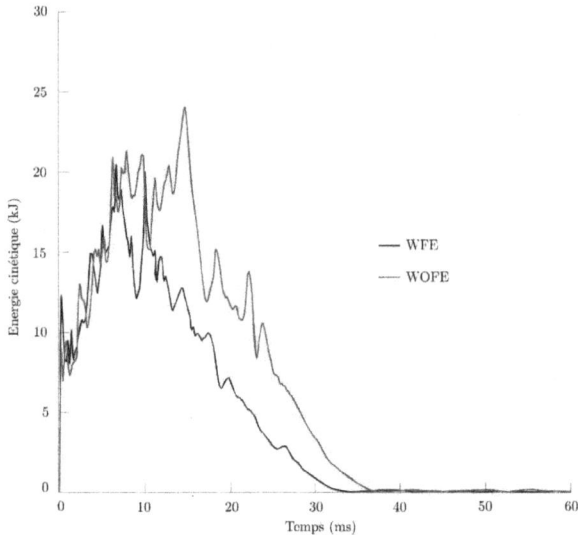

FIGURE 6.25 – *Evolution de l'énergie cinétique du composant mise en jeu dans le cas de l'approche standard (WOFE) et l'approche proposée (WFE).*

beaucoup plus important $(0 < z < 1)$. Dans le cas d'un emboutissage multi-passes, on peut alors tenter par le biais de la simulation de favoriser la transformation pour certaines passes difficiles et donc obtenir la géométrie souhaitée pour le composant. La formabilité des composants obtenus pourra être analysée à l'aide des résultats présentés par Talyan, Wagoner et Lee [112]. Cependant dans les perspectives de ce mémoire, on s'attachera à démontrer que ces simulations seront viables à la condition de prendre en considération de manière complète et cohérente les processus anisothermes.

5   Conclusions et perspectives

Dans ce chapitre, on s'est attaché à développer des exemples de simulations de composants en emboutissage et en hydroformage. L'importance de la prise en compte du modèle prédictif proposée pour le comportement des aciers TRiP700 a été également présentée et a permis de mettre en défaut l'approche interpolée. La formabilité des composants a été également présentée grâce à l'utilisation des courbes limites de formage. La courbe limite utilisée a été obtenue par utilisation de l'analyse linéaire de stabilité enrichie d'un modèle d'endommagement de type Lemaître. Malgré tout, cette courbe n'a pas pu être corrélée avec des résultats expérimentaux et la fiabilité des résultats n'est pas garantie.

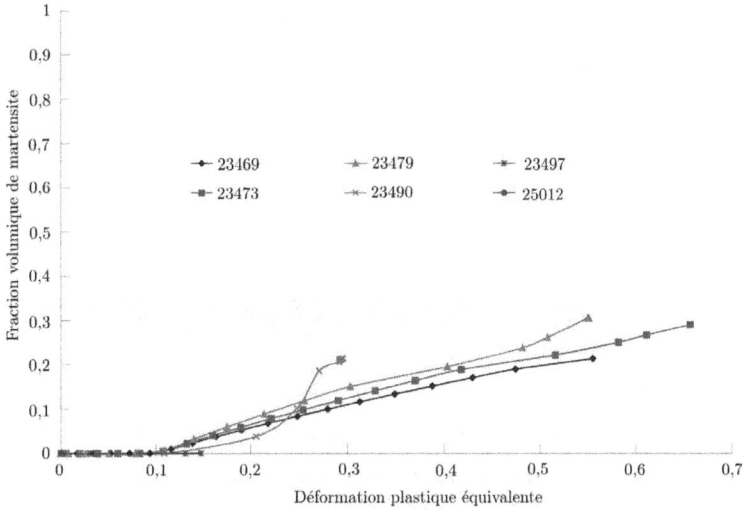

FIGURE 6.26 – *Evolution de la transformation pour certains éléments caractéristiques du godet.*

Enfin, l'influence du comportement et de la transformation de phase sur les propriétés élasto-plastiques du composant a été entreprise. On s'est attaché à présenter l'intérêt d'une telle approche vis à vis du comportement dynamique et de la prédiction du retour élastique. On s'oriente maintenant vers une tentative de conclusions sur ce travail et surtout sur les nombreuses perspectives qui y sont attachées.

Chapitre 7

Conclusions générales et perspectives

Les objectifs principaux de cette thèse peuvent se regrouper selon trois catégories :

– L'influence de l'écrouissage sur les propriétés élastiques des composants,

– La proposition d'un modèle de type phénoménologique des aciers exhibant l'effet TRiP et adapté à la simulation des procédés de fabrication,

– L'étude de l'influence des procédés de fabrication des composants sur le comportement en service.

Dans le chapitre 2, nous avons proposé une étude de l'influence de l'écrouissage sur les propriétés élastiques. Cette étude a débouché sur la mise en place de moyens expérimentaux adéquats : la méthode vibrométrique. L'utilisation de tels moyens a permis de mettre en valeur une restitution partielle ou totale de ces propriétés avec le temps dans le cas des aciers DC04 et DP600. Dans le cas des aciers TRiP700, 301LN2B et 304L aucune restauration n'a été constatée. Ceci amène donc à considérer l'influence de l'effet TRiP exhibé par ces aciers comme moteur de la modification des propriétés élastiques. L'étude bibliographique a alors démontré l'importance de proposer un modèle de comportement adapté à ces aciers dans le cadre des procédés de mise en forme.

Dans le chapitre 3, nous avons alors proposé un modèle de comportement de type phénoménologique. Notre modèle est construit dans le cadre de la thermodynamique des processus irréversibles. Une variable interne représentative de la fraction volumique de phase produite (martensite) est alors introduite pour influencer le comportement élasto-plastique de ces aciers.

Dans le chapitre 4, nous avons développé les moyens expérimentaux à mettre en place pour l'identification du modèle proposé. Ces essais ont été partiellement effectués. L'utilisation d'une presse multifonctions mise en place au sein de l'équipe Modélisation et Mise en Forme des Matériaux en collaboration avec une société spécialisée permettra la réalisation totale des essais nécessaires à la caractérisation des aciers à effet TRiP. Un code d'identification basé sur un algorithme génétique est décrit pour obtenir les paramètres matériaux dans le cas d'essais homogènes.

Dans le chapitre 5, nous présentons une discrétisation de la loi de comportement dans le cadre de la méthode des éléments finis. Une généralisation de l'algorithme du retour radial est présentée. L'implantation est alors réalisée dans les codes Polyform© et LS-Dyna®. Après avoir validé l'implantation, on a présenté un module d'identification des paramètres matériaux à l'aide d'un algorithme d'optimisation de type SQP. Il permet alors, par utilisation d'une corrélation des essais expérimentaux et numériques, d'obtenir les paramètres même dans le cas d'essais non-homogènes.

Dans le chapitre 6, nous décrivons des simulations de procédés de fabrication de type emboutissage et hydroformage. Les prédictions obtenues permettent de mettre en valeur l'utilité de posséder un modèle adapté. Dans un premier temps, l'influence de la variation des propriétés élastiques pendant la mise en forme a été investiguée en termes de prédiction du retour élastique et d'analyse modale des composants. Dans la dernière partie, une étude a été menée pour mettre en valeur l'influence des procédés de fabrication et d'assemblage sur le comportement au crash.

Cette étude a démontré l'importance de posséder des moyens de caractérisation importants afin de prédire correctement le comportement du matériau lorsque celui-ci subit de fortes sollicitations. Néanmoins, il est nécessaire dans le cas de l'utilisation de la presse-multi-fonctions de développer l'intégralité des essais considérés. Ce type d'investigations sera envisagé par la suite.

La température et les vitesses de sollicitations sont des facteurs moteurs de la transformation de phase. Il est alors nécessaire de raffiner le modèle en considérant des processus adiabatiques et cela pour une grande gamme de vitesses de sollicitation. L'approche proposée par Fischer et al. [37] permet d'entrevoir une solution par introduction dans la cinétique de transformation de la relation de Koistinen-Marburger [84]. Afin de prévoir des chargements anisothermes, les vitesses de sollicitations et la température seront reliées pour prédire l'adoucissement du matériau et un couplage thermomécanique sera nécessaire.

Une nouvelle généralisation des algorithmes de résolution des équations de comportement devra alors se faire dans le cadre de problèmes thermomécaniques couplés.

La simulation des procédés de mise en forme et de leurs influences sur le comportement en service des composants pourront alors être plus prédictives. Dans ce cas, l'étude du comportement des assemblages de composants obtenus par des procédés de mise en forme sera plus fiable et prédictive.

Bibliographie

[1] F. Abrassart. *Influence des transformations martensitiques sur les propriétés mécaniques des alliages du système Fe-Ni-Cr-C.* PhD thesis, Université de Nancy I, 1972.

[2] F. Abrassart. Stress-induced $\gamma \rightarrow \alpha'$ martensitic transformation in two carbon stainless steels. application to trip steels. *Metallurgical transactions*, Volume 4 :p2205–2216, 1973.

[3] J.C. Simo ans S. Govindjee. Non-linear b-stability and symmetry preserving return mapping algortihms for plasticity and viscoplasticiy. *International J. for Numerical Methods in Engineering*, Volume 31 :p151–176, 1991.

[4] G. Arnold, S. Calloch, D. Dureissex, and R. Billardon. A pure bending machine to identify the mechanical behaviour of thin sheets. In *Esaform 2003*.

[5] ULSAB AVC. Advanced vehicule concept. http ://www.ulsab.com/.

[6] D. Azé. *Eléments d'analyse convexe et variationnelle.* Ellipses, Paris, première edition, 1997.

[7] D. Banabic, H.-J. Bunge, K. Pöhlandt, and A.E. Tekkaya. *Formability of Metallic Materials.* Springer, Berlin, engineering materials edition, 2001.

[8] F. Barlat and J. Lian. Plastic behaviour and stretchability of sheet metals. part 1 : a yield function of orthotropic sheets under plane stress conditions. *Int. J. of Plasticity*, Volume 5 :p51, 1989.

[9] N. Böck and G. A. Holzapfel. A large strain continuum and numerical model for transformation induced plasticity (trip). In *Fifth World Congress on Computational Mechanics*, 2002.

[10] T.B. Belytschko, H. Stolarski, and N. Carpenter. A c° triangular plate element with one point quadrature. *Int. J. Num. Meth. Eng.*, Volume 20 :p787–802, 1984.

[11] T.B. Belytschko and C.S. Tsay. Explicit algorithms for non-linear dynamics of shells. *Comp. Meth. Appl. Mech. Eng.*, Volume 43 :p251–276, 1984.

[12] T.B. Belytschko and C.S. Tsay. A stabilization procedure for the quadrilateral plate element with one-point quadrature. *Int. J. Num. Method Eng.*, Volume 19 :p787–802, 1984.

[13] M. Berveiller, E. Gauthier, Ch. Lexcellent, and E. Patoor. Déformation par transformation martensitique - applications aux alliages à mémoire de forme et aux aciers trip, 201. Cours de l'IPSI.

[14] Ph. Boisse, J.-C. Gelin, and J.-L. Daniel. Computation of thin structures at large strains and large rotations using a simple c° isoparamétric three-node shell element. *Computers and Structures*, Volume 58 :p249–261, 1996.

[15] M. L. Boubakar. Mémoire d'habilitation à diriger des recherches, 2002. Université de Franche-Comté.

[16] M.L. Boubakar. *Contribution à la simulation numérique de l'emboutissage des tôles. Prise en compte du comportement élastoplastique anisotrope*. PhD thesis, Université de Franche-Comté, 1994.

[17] M.L. Boubakar and Ph. Boisse. Comportement élastoplastique anisotrope pour l'analyse numérique des coques minces en grandes transformations. *Revue Européenne des éléments finis*, Volume 6 :p709–735, 1998.

[18] M.L. Boubakar, Ph. Boisse, and J.-C. Gelin. Numerical implementation of orthotropic plasticity for sheet-metal forming analysis. *Journal of Materials Processing Technology*, Volume 65 :p143–152, 1997.

[19] N. Boudeau. *Prédiction des instabilités élasto-plastiques locales. Application à l'emboutissage*. PhD thesis, Université de Franche-Comté, 1995.

[20] L. Boulmane. *Application des techniques implicites-explicites de la dynamique transitoire à la simulation numérique en mise en forme des métaux*. PhD thesis, Université de Franche-Comté, 1994.

[21] L. Chevalier. *Mécanique des systèmes et des milieux déformables*. Ellipses, Paris, première édition, 1996.

[22] B.K. Chun, J.T. Jinn, and J.K. Lee. Modeling the bauschinger effect for sheet metals, part i : theory. *Int. J. of Plasticity*, Volume 18 :p571–595, 2002.

[23] B.K. Chun, H.Y. Kim, and J.K. Lee. Modeling the bauschinger effect for sheet metals, part ii : applications. *Int. J. of Plasticity*, Volume 18 :p597–616, 2002.

[24] C. Chèze and H. Lange. *Mécanique générale*. Ellipses, Paris, première édition, 1995.

[25] J. Coirier. *Mécanique des milieux continus - Concept de Base*. DUNOD, Paris, première édition, 1997.

[26] J. Coirier. *Mécanique des milieux continus - Aide Mémoire*. DUNOD, Paris, première édition, 2001.

[27] M. Coret and A. Combescure. A mesomodel for the numerical simulation of the multiphasic behavior of materials under anisothermal loading (application to two low-carbon steels). *Int. J. of Mechanical Sciences*, Article in press, 2002.

[28] J.L. Daniel. *Contributions à la simulation de l'emboutissage*. PhD thesis, Université d'Orleans, 1998.

[29] R. de Borst and P.H. Feenstra. Studies in anisotropic plasticity with reference to the hill criterion. *Int. J. Num. Meth. Engng*, Volume 29 :p315–336, 1990.

[30] P. Delobelle. Sur les lois de comportement viscoplastique à variables internes - exemples de deux alliages industriels : inoxydable austénitique 17-12 sph et superalliage inco718. *Revue Phys. Appl.*, Volume 23 :p1–61, 1988.

[31] J.M. Diani, H. Sabar, and M. Berveiller. Micromechanical modelling of the transformation induced plasticity (trip) phenomenon in steels. *Int. J. Eng. Sci.*, Volume 33 :13 :p1921–1934, 1995.

[32] O. Diel. Influence de l'écrouissage sur le module d'young et la limie élastique pour les composants automobiles provenant de tôles métalliques. caractérisation par des méthodes dynamiques et statiques. Master's thesis, ENSMM, 2002.

[33] P. Dubois. *Crash et Impact*. LSTC, Livermore, première edition, 2004.

[34] P. Eriksson and P. Jonsson. Automotive component testing for crash simulation calibration. Master's thesis, Departement of solid mechanics and Volvo Cars Corporation, 2002.

[35] J.D. Eshelby. The determination of the elastic field of an ellipsoidal inclusion and related problems. *Proc. Roy. Soc.*, Volume A241 :p376, 1957.

[36] J.-P. Eymery and J. Teillet. Spectrométrie mössbauer. *Techniques de l'ingénieur*, PE 2 600 :p1–21, 2004.

[37] F.D. Fischer, E.R. Oberaigner, K. Tanaka, and F. Nishimura. Transformation induced plasticity revised an updated formulation. *Int. J. Solids Structures*, Vol. 35 :p2209–2227, 1998.

[38] D. François, A. Pineau, and A. Zaoui. *Comportement mécanique des matériaux*. Hermès, Paris, quatrième edition, 1996.

[39] J.T. Gau and G.L. Kinzel. An experimental investigation of the influence of the bauschinger effect on springback predictions. *J. of Materials Processing Technology*, Volume 108 :p369–375, 2001.

[40] H.J.M. Geijselaers. *Numerical simulation of stresses due to solid state transformations*. PhD thesis, University of Twente, 2003.

[41] J.-C. Gelin, L. Boulmane, and Ph. Boisse. Quasi-static implicit and transient explicit analyses of sheet-metal forming using a c° three-node shell element. *Journal of Materials Processing Technology*, Volume 50 :p54–69, 1995.

[42] J.C. Gelin and O. Ghouati. An inverse solution procedure for materials parameters identifications in large plastic deformations. *Int. J. Numer. Methods Eng.*, Volume 12 :p161–173, 1996.

[43]   L. Geng and R.H. Wagoner. Role of plastic anisotropy and its evolution on springback. *Int. J. of Mechanical Sciences*, Volume 44 :p123–148, 2002.

[44]   O. Ghouati and J.C. Gelin. Sensitivity analysis in forming processes. *Int. J. Forming Processes*, Volume 1 :p244–271, 1998.

[45]   O. Ghouati, H. Lenoir, and J.C. Gelin. Process optimization in deep drawing. *Revue européenne des éléments finis*, Volume 9 :p129–149, 2000.

[46]   E. Girault, P. Jacques, Ph. Harlet, K. Mols, J. Van Humbeeck, E. Aernoudt, and F. Delannay. Metallographic methods for revealing the multiphase microstructure of trip-assisted steels. *Materials characterization*, Volume 40 :p111–118, 1998.

[47]   G.W. Greenwood and R.H. Johnson. The deformation of metal under small stresses during phase transformation. *Proc. Roy. Soc.*, Volume 283 :p403–422, 1965.

[48]   A.L. Gurson. Continuum theory of ductile rupture by void, nucleation and growth : Part i - yield criteria and flow rules for porous ductile media. *J. Eng. Mat. Tech*, Volume 99, 1977.

[49]   A.M. Habraken. Contributions to constitutive laws of metals : Micro-macro and damage models - part a-b, 2001. Université de Liège.

[50]   J. Hallquist. *LS-Dyna Manual*. LSTC, Livermore, 970 edition, 2001.

[51]   B. Halphen and N. Quoc Son. Sur les matériaux standards généralisés. *Journal de Mécanique*, Volume 14 :p39–63, 1975.

[52]   S.S. Hans and K.C. Park. An investigation of the factors influencing springback by empirical and simulative techniques. pages p. 53–57, 1999.

[53]   R. Hill. *The mathematical theory of plasticity*. Oxford Science Publications, Oxford, oxford edition, 1950.

[54]   W.F. Hosford. *The Mechanics of Crystals and Textured Polycrystals*. Oxford Science Publications, Oxford, oxford edition, 1993.

[55]   N. Iosipescu. New accurate procedure for single shear testing of metals. *J. Mater*, Volume 2 :p537–566, 1967.

[56]   P. J. Jacques. Transformation - induced plasticity in steels, 2002. Université catholique de Louvain.

[57]   D. Joannic. *Modélisation mécanique et simulation numérique du retour élastique en emboutissage des tôles minces et optimisation paramétrique*. PhD thesis, Université de Franche-Comté, 1998.

[58]   P. Thilderkvist K. Mattiasson, A. Strange and A. Samuelsson. Simulation of springback in sheet metal foring. pages p. 115–124, 1995.

[59] S. P. Keeler. Determination of forming limits in automotive stampings. *Sheet Metal Industries*, Volume 42 :p683–691, 1965.

[60] H. Kim, S. Hong, S. Hong, and H. Huh. The evaluation of crashworthiness of vehicules with forming effect. In *4th European LS-DYNA users conferences*.

[61] N. Kishor and D. Ravi Kumar. Optimizaion of initial blank shape to minimize earing in deep drawing using finite element method. *Int. J. of Materials Processing Technology*, Volume 130-131 :p20–30, 2002.

[62] J.-P. Kleinermann. *Identification paramétrique et optimisation des procédés de mise à forme par problèmes inverses*. PhD thesis, Laboratoire de Techniques Aéronautiques et Spatiales, 2000.

[63] W.P. Carden K.P. Li and R.H. Wagoner. Simulation of springback : choise of element. *Advanced technology of plasticity*, Volume 3 :p2091–2098, 1999.

[64] W.P. Carden K.P. Li and R.H. Wagoner. *Simulation of springback with draw/bend test*. IEEE, 1999.

[65] W.P. Carden K.P. Li and R.H. Wagoner. Simulation of springback. *Int. J. of Mechanical Sciences*, Volume 44 :p103–122, 2002.

[66] R.D. Krieg and D.B. Krieg. Accuracies of numerical solution methods for the elastic-perfectly plastic model. *Journal of Pressure Vessel Technology*, Volume :p510–515, 1977.

[67] A. Krusper. Influences of the forming process on the crash performance - finite element analysis. Master's thesis, Chalmers University of Technology and Volvo Cars Corporation, 2003.

[68] C. Labergère. *Contributions à la modélisation, à l'optimisation et au contrôle des procédés d'hydroformage de tubes et de flans*. PhD thesis, Université de Franche-Comté, 2003.

[69] F. Lani, Q. Furnémont, P. J. Jacques, F. Delannay, and T. Pardoen. Modéle micromécanique du comportement plastique de matériaux biphasés avec transformation de phase : application au cas d'aciers multiphasés à effet trip. *Matériaux 2002*, pages p1–5, 2002.

[70] J.B. Leblond, J. Devaux, and J.C. Devaux. Mathematical modelling of transformation plasticity in steels - i : Case of ideal-plastic phases. *International Journal of Plasticity*, Volume 5 :p551–572, 1989.

[71] J.B. Leblond, G. Mottet, and J.C. Devaux. A theoretical and numerical approach to the plastic behaviour of steels during phase transformations - i. derivation of general relations. *J. Mech. Phys. Solids*, Volume 34 :p395–409, 1986.

[72] J.B. Leblond, G. Mottet, and J.C. Devaux. A theoretical and numerical approach to the plastic behaviour of steels during phase transformations - ii. study of classical plasticity for ideal-plastic phases. *J. Mech. Phys. Solids*, Volume 34 :p411–432, 1986.

[73] H. Leclerc. *Modélisations, simulations et expérimentations des processus d'agglomération et densification de poudres. Application au frittage sélectif par laser.* PhD thesis, Université de Franche-Comté, 2003.

[74] S.W. Lee and D.Y. Yang. An assessment of numerical parameters influencing springback in explicit finite element analysis of sheet metal forming process. *J. of Materials Processing Technology,* Volume 60 :p80–91, 1998.

[75] A. Leissa. *Vibrations of sheels.* Acoustical society of America, Colombus, seconde edition, 1993.

[76] A. Lejeune. *Modélisation et simulation de striction et de plissement en emboutissage de tôles minces et hydroformages de tubes minces.* PhD thesis, Université de Franche-Comté, 2002.

[77] J. Lemaitre. *A course on Damage Mechanics.* Springer-Verlag, Berlin, première edition, 1992.

[78] J. Lemaitre and J.L. Chaboche. *Mécanique des matériaux solides.* DUNOD, Paris, deuxième edition, 1996.

[79] B. Loret and J.H. Prevost. Accurate numerical solutions for drucker-prager elastic-plastic models. *Computer methods in applied mechanics and engineering,* Volume 54 :p259–277, 1986.

[80] J. Lubliner. On the thermodynamic foundations of non-linear solid mechanics. *International Journal of Non-Linear Mechanics,* Volume 7 :p237–254, 1972.

[81] J. Lubliner. On the structure of the rate equations of materials with internal variables. *Acta Mechanica,* Volume 17 :p109–119, 1973.

[82] J. Lubliner. A maximum dissipation principle in generalized plasticity. *Acta Mechanica,* Volume 52 :p225–237, 1984.

[83] C.L. Magee. *Transformation kinetics, microplasticity and ageing of martensite in Fe-3l-Ni.* PhD thesis, Carnegie Mellon University, 1966.

[84] R. E. Marburger and D.P. Koistinen. A general equation prescribing the extent of the austenite-martensite transformation in pure iron carbon alloys and plain carbon steels. *Acta Metallica,* Vol. 7 :p59–60, 1959.

[85] Z. Marciniak and K. Kuczynski. Limit strains in the process of stretch forming sheet metal. *J. Eng. Mechanical Sciences,* Volume 9 :p609–620, 1967.

[86] A. Matzenmiller and R. Taylor. A return mapping algorithm for isotropic elastoplasticity. *International J. for Numerical Methods in Engineering,* Volume 37 :p813–826, 1994.

[87] Z. Michalewicz and G. Nazhiyath. Genocop iii : A co-evolutionary algorithm for numerical optimization problems with nonlinear constraints. http ://www.coe.uncc.edu/ zbyszek/Papers/p24.pdf.

[88] J.-F. Michel. *Modélisation mécanique et simulation numérique de la mise en forme des structures en très faible dimension.* PhD thesis, Université de Franche-Comté, 2002.

[89] W. Mitter. *Umwandlungsplastizität und ihre Berücksichtigung bei der Berechnung von Eigenspannungen.* Materialkundlich-Technische, Berlin, première edition, 1987.

[90] A. Molinari. Instabilité thermoviscoplastique en cisaillement simple. *Journal de Mécanique théorique et appliquée,* Volume 4 :p659–684, 1985.

[91] F. Morestin and M. Boivin. On the necessity of taking into account the variation in the young modulus with plastic strain in elastic-plastic software. *Nuclear Engineering and Design,* Volume 162 :p107–116, 1996.

[92] F. Morestin, M. Boivin, and C. Silva. Elasto plastic formulation using a kinematic hardening model for springback analysis in sheet metal forming. *J. of Materials Processing Technology,* Volume 56 :p619–630, 1996.

[93] T. Mori and K. Tanaka. Average stress in matrix and average elastic energy of materials with misfitting inclusions. *Acta Metall.,* Volume 21 :p571, 1973.

[94] N. Narasimhan and M. Lovell. Predicting springback in sheet metal forming : an explicit to implicit sequantial solution procedure. *Finite elements in Analysis and design,* Volume 80-81 :p108–112, 1999.

[95] G.B. Olson and M. Azrin. Transformation behaviour of trip steels. *Metallurgical Transaction,* Volume 9A :p713–721, 1978.

[96] G.B. Olson and M. Cohen. Kinetics of strain-induced martensitic nucleation. *Metallurgical Transaction,* Volume 6A :p791–795, 1975.

[97] M. Ortiz and E.P. Popov. Accuracy and stability of integration algorithms for elastoplastic constitutive relations. *International J. for Numerical Methods in Engineering,* Volume 21 :p1561–1576, 1985.

[98] M. Ortiz and J.C. Simo. An analysis of a new class of integration algorithms for elastoplastic constitutive relations. *International J. for Numerical Methods in Engineering,* Volume 23 :p353–366, 1986.

[99] L. Papeleux and J.-P. Ponthot. Finite element simulations of springback in sheet metal forming. *J. of Materials Processing Technology,* Volume 125-126 :p785–791, 2002.

[100] M.S. Park and B.C. Lee. Geometrically non-linear and elastoplastic three-dimensional shear flexible beam element of von-mises-type hardening material. *International J. for Numerical Methods in Engineering,* Volume 39 :p383–408, 1996.

[101] S. Petit-Grostabussiat. *Conséquences mécaniques des transformations structurales dans les alliages ferreux*. PhD thesis, INSA de Lyon, 2000.

[102] Q.Furnémont, M. Kempf, P.J. Jacques, M. Göken, and F. Delannay. On the measurement of the nanohardness of the constitutive phases of trip-assisted multiphase steels. *Materials Science and Engineering*, Volume A328 :p26–32, 2002.

[103] R.T. Rockafellar. *Convex Analysis*. Princeton University Press, Princeton, première edition, 1972.

[104] M. Rohleder, A. Brosius, K. Roll, and M. Kleiner. Investigation of springback in sheet metal forming using two different testing methods. In *Esaform'01*.

[105] K. Schweizerhof, W. Schmid, and H. Klamser. Improved spotweld simulation with ls-dyna - numerical simulation and comparison to experiments. *3rd European LS-DYNA conferences*, 2003.

[106] J.C. Simo and T.J.R. Hugues. *Computational Inelasticity*. Springer-Verlag, New-York, première edition, 1998.

[107] J.C. Simo and R.L. Taylor. Consistant tangent operators for rate-independent elastoplasticity. *Comp. Meth. Appl. Mech. Eng.*, Volume 48 :p101–118, 1985.

[108] J.C. Simo and R.L. Taylor. A return mapping algorithm for plane stress elastoplasticity. *Int. J. Num. Meth. Eng.*, Volume 22 :p649–670, 1986.

[109] US Steel. Advanced high strength steels. http ://www.ussteel.org/.

[110] R.G. Stringfellow and D.M. Parks. A self-consistent model of isotropic viscoplastic behavior in multiphase materials. *Int. J. of Plasticity*, Volume 7 :p529–547, 1991.

[111] R.G. Stringfellow, D.M. Parks, and G.B. Olson. A constitutive model for transformation plasticity accompanying strain-induced martensitic transformations in metastable austenitic steels. *Acta Metallurgical*, Volume 40 :p1703–1716, 1992.

[112] V. Talyan, R.H. Wagoner, and J.K. Lee. Formability of stainless steel. *Metallurgical and materials transastions a*, Volume 29A :p2161–2172, 1998.

[113] S. Thibaud, N. Boudeau, and J.C. Gelin. Coupling effects of hardening and damage on necking and bursting conditions in sheet metal forming. *Int. J. of Damage Mechanics*, Volume 13 :2 :p107–122, 2004.

[114] S. Thibaud and J.C. Gelin. Influence of initial and induced hardening in sheet metal forming. *Int. J. of Forming Processes*, Volume 5 :p505–520, 2002.

[115] Y. Tomita and T. Iwamoto. Constitutive modeling of trip steel and its application to the improvement of mechanical properties. *Int. J. Mech. Sci.*, Volume 37 :p1295–1305, 1995.

[116] Z. Tourki and H. Sidhom. Plastic strain induced martensite in a type 304 austenitic stainless steel : modeling and numerical simulation of deep drawing processes. *Int. J. of Forming Processes*, Volume X :p1–26, 2003.

[117] N. Tsuchida and Y. Tomota. A micromechanic modeling for transformation induced plasticity in steels. *Materials Science and Engineering*, 285 :p345–352, 2000.

[118] H.L. Xing and A. Makinouchi. Numerical analysis and design for tubular hydroforming. *Int. J. of Mechanical Sciences*, Volume 43 :p1009–1026, 2001.

[119] D.-Y. Yang, S.I. Oh, Hoon Huh, and Y. H. Kim. Numisheet2002 - unconstrained bending benchmark, 2002. Jeju Island - Korea.

[120] F. Yoshida and T. Uemori. A model of large strain cyclic plasticity and its application to springback simulation. *Int. J. of Mechanical Sciences*, Volume 44 :p123–148, 2002.

9 783838 178004